狼 GRAY WOLF

麻布大學獸醫學部教授
菊水健史 監修

作者
近藤雄生 正文 **澤井聖一** 照片解說

瑞昇文化

狼 GRAY WOLF

狼指的是誰？

除了人類以外的所有哺乳類動物當中，曾經棲息在各地、分布最廣的動物就屬狼了。牠們在各式各樣的環境下，獲得了適應該地的食性、能力以及肉體，一路生存至今。

那堅毅強大的身姿，對人類而言就是自然力量的化身，也因此過去人們視狼為神靈並崇拜牠們。然而，隨著文明逐漸發展，那股想要支配自然的欲望也越發強烈，不知何時狼成了自然恐怖的象徵，人類開始覺得狼是應當畏懼、驅逐的存在。直到20世紀前半葉以前，世界各地的狼慘遭迫害，甚至被逼到瀕臨絕種的險境。

但在進入20世紀後半葉之後，開始有了轉機，我們認知到唯有與自然共生才是人類的唯一活路。人們意識到狼在自然界中往往扮演了很重要的角色，並願意投注心力改善現況，期望讓一度九死一生的牠們能夠再次活躍於世界各地。牠們絕對不是人類的威脅。多樣而美麗、寬容，狼就是自然的化身。

了解狼，就等同於了解自然。本書將牠們的各種身影集結成冊，內容相當豐富。

灰狼

學名— *Canis lupus lupus*
英名— Eurasian Wolf

在被深雪掩埋的北歐樺木林裡，佇立著一隻灰狼。挪威僅存數十隻。健壯結實的身體、優秀的嗅覺與聽覺，再加上如槍矛般銳利的牙齒。鼻尖至尾巴的全長最大可以到2m。在挪威語中，代表狼的單詞「varg」意指「無法控制的事物」、「無法無天者」、「野蠻人」，但灰狼可以說是這世上最受迫害的動物。

攝影地｜挪威
攝影者｜Chris O'Reilly

澳洲野犬

學名— *Canis lupus dingo*
英名— Dingo

正在覓食而來到營地附近的澳洲野犬。名為Outback的澳洲內陸地區是一片一望無際的沙漠，這張照片就是在內陸北部北領地（Northern Territory）中的魔鬼大理石保護區拍下的。這個地方是澳洲原住民的聖地，有無數的奇岩異石林立。雖然名字叫做魔鬼大理石，但實際上是花崗岩，而且在澳洲原住民的傳說中被視為虹色大蛇的卵。據說澳洲野犬是在數千年前與澳洲原住民一同移居到澳洲的狗，後來就野化了。也因此，一般認為澳洲野犬是種數千年來被人們當作家犬飼養卻未經品種改良的原始犬。

攝影地｜澳洲
攝影者｜Yva Momatiuk and John Eastcott

野犬指的是誰？

WILD DOGS的肖像——2

本書當中所謂的「野犬」，是一個泛指所有犬科動物的詞彙，其中也包含了我們再熟悉不過、隨處可見的「狗」（家犬）。但有一件事請不要誤會，並不是狗先出現再經過野化之後才衍生出其他各類犬科動物。狗原本是與狼有著共同祖先的動物，和人類建立緊密關係、共同生活以後，才自成一派。只是因為狗是人類最親近的朋友，才有了「犬」這樣的一個稱呼罷了。

利用近年的基因解碼技術，將野犬當中親緣關係相近的種類整合成同一個「系統」的話，主要可以分成四大類。也就是所謂的狼型系統、南美系統、赤狐型系統、島嶼灰狐型系統。在這四個系統當中包含了約35種動物，牠們的名字裡分別帶有狼、犬、胡狼、狐等字眼。

在本書當中，首先會從各式各樣的角度解說野犬的核心主角——狼的知識。在這之後，自第58頁起將分別講解這四個系統，且會依序介紹各系統當中包含的種類，讓野犬的全貌逐漸明朗。

統稱為灰的白與黑

北極狼

學名— *Canis lupus arctos*
英名— Arctic Wolf

棲息在北極圈的灰狼亞種，體毛為白色。雖然白化症、白色亞種這類白色個體會出現在各種動物當中，但若將條件限定在不因季節改變毛色、隸屬於種或亞種之下的所有個體其體毛恆為白色的肉食性哺乳類，那可是堪比北極熊的極罕見物種。與北極熊一樣，北極狼生活在冬季純白色的世界，所以白可以說是最佳的保護色。一般認為，對於身處食物鏈頂端的兩種動物而言，這是作為掠食者最容易接近獵物的毛色。只不過，北極熊的體毛自出生起就是白色，反觀北極狼的幼崽在誕生的初春至成年的這段期間都是帶褐的灰色，與大地為同一個色系。

攝影地｜格陵蘭　攝影者｜David Tipling

狼的毛色多樣而複雜。最普遍的就是灰色，不過也有白狼、黑狼。還有帶著褐色、紅褐色、像沙一樣的黃色等的種類。

一般認為，毛色之所以有所差異，與棲息環境有很大的關係。舉例來說，在北極生活的北極狼是白色，而以美國洛磯山脈等森林為家的品種則偏黑。此外，住在像半沙漠那樣的環境下的狼則接近黃色。規律大致如下：越靠近極地則毛色越白，緯度越低則毛色越深。

但是，不論毛色為何、隸屬於哪一個品種，所有狼都是灰狼。附帶一提，已知北美盛產的黑毛狼是與狗雜交之後誕生的種類。

再者，就整體而言，狼的外側毛長度為60～150mm、內側則有短且高密度的毛。而內側的毛還有一個現象——高緯度地區的狼大多柔軟且多，越往低緯度地區則越粗糙且少。

黑色灰狼

學名— *Canis lupus*
英名— Timber Wolf

漫步在亞伯達省雪原上的灰狼。因為住在森林裡所以稱之為Timber Wolf（森林狼）。以北極狼、森林狼為首，有5～6個亞種棲息在北美地區。如其名所示，毛色不單單只有灰色，從白色到黑色、灰褐色、黃褐色等等，因個體差異而有各式各樣的變化。一般認為，幾乎只有在北美才看得到的黑狼，是過去與家犬雜交的狼的後代子孫，其樣貌有利於在森林裡隱匿身形。

攝影地｜加拿大　攝影者｜Donald M. Jones

左｜ 衣索比亞狼

學名— *Canis simensis*
英名— Ethiopian Wolf

神采煥發的眼睛，再加上緊緻的吻部。端正的立姿相當美麗的衣索比亞狼，與供奉在日本神社裡的狐像倒有幾分相似。話雖如此，牠們並不是狐狸的同類，而是與家犬、灰狼同為犬屬，同時也是亞洲胡狼的近緣種。衣索比亞狼的家園就在位於衣索比亞貝爾山國家公園中、海拔3,000m以上的薩內蒂高原（Sanetti Plateau）。薩內蒂在當地語言中意指「風很強的地方」，而該地就如其名所示有不少風勢強勁的日子，衣索比亞狼伸直了稍長的脖子迎風站立著。

攝影地｜衣索比亞　攝影者｜Danita Delimont

右｜ 鬃狼

學名— *Chrysocyon brachyurus*
英名— Maned Wolf

南美有很長一段時間是個與世隔絕的世界，也因此誕生了不少歷經獨自演化的生物。鬃狼也是其中之一，是1屬1種的稀有犬科動物。特徵是與身體相比偏小的頭，再配上如高蹺般修長的腿。就跟駱駝、長頸鹿這類長腳動物一樣，鬃狼採用側對步，也就是右側的前後兩腳、左側的前後兩腳各為一個組合行走的習慣，比較少出現像馬那樣上下擺動的情形。熟練地活動前後左右的腳，在草原上飛奔。只不過，由於牠們具有跑了一會兒就會站著不動的習性，很容易被人類捕捉，在這個理應沒有天敵的世界卻成了瀕危物種。

攝影地｜巴西　攝影者｜Tui De Roy

野犬的四個系統當中包含了約35種動物，當中有9成以上都歸類在狼型、南美、赤狐型這三個系統的其中之一（歸類在島嶼灰狐型底下的只有島嶼灰狐和灰狐而已）。從本頁開始一直到第13頁，將會說明關於這三個系統的概要。

各個系統當中含有10～13種左右的野犬，其中，名字帶有「狼」或「犬」的種類，全都歸屬在狼型系統或南美系統裡。帶有「狼」字的種類有：灰狼、衣索比亞狼、鬃狼這三種*[1]，前兩種是狼型系統，後一種則是南美系統。

在狼型系統底下包含了10種左右的野犬，其中帶有「狼」名的竟然只有2種*[1]，或許是件令人感到不可思議的事情，卻是有原因的——這是因為分布於世界各地的狼幾乎都是灰狼的亞種。換句話說，除了僅生活在非洲衣索比亞的高地上的衣索比亞狼，以及南美巴西周邊的地區才能見到的鬃狼以外，剩下的狼都是灰狼*[1]。

至於名字中有「犬」字的種類，有狗（家犬）、藪犬、高地狐*[2]、小耳犬、食蟹狐*[2]這五種，其中只有家犬是狼型系統，其餘的皆為南美系統。家犬就如同第5頁所述是一種與狼有著共同祖先的動物，但是隸屬於南美系統的這四種卻不然。雖然大家都帶有「犬」字*[2]，但各國的命名方式不盡相同，像是高地狐的英名為Hoary Fox，也就是「狐狸」。繼續閱讀本書，應該會對狗、狐狸、狼等犬科動物之間若有似無的界線有更深一層的認識。

在四大系統當中，南美系統是唯一一個以大陸名稱冠名的系統，裡面囊括的盡是南美特有的物種。南美大陸在很早以前就與其他地區相隔，在動物的獨自演化進程上起了推波助瀾之效。

＊譯註1：國情差異。中文圈以狼命名的還有郊狼、非洲金狼等餘9種野犬（可參見目次），日本則多以外來語音譯的方式為狼型系統的動物命名，所以比較少出現以「狼」結尾的情況。
＊譯註2：國情差異。日本稱高地狐為「筋尾犬」、稱食蟹狐為「蟹食犬」。中文圈則選擇以狐為名。

WILD DOGS 的肖像 —— 4

名為狼卻不是狼

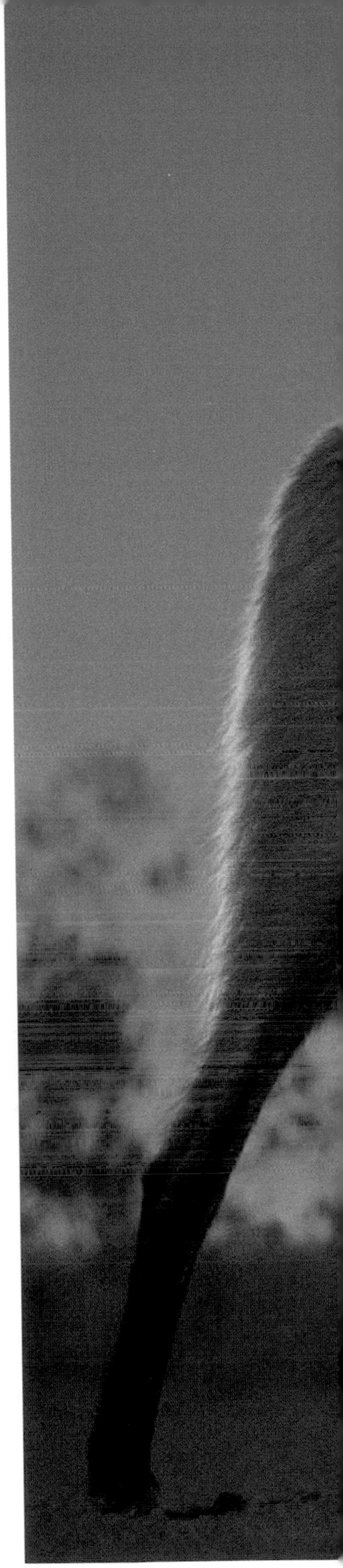

與狼關係相近的同類

郊狼

學名— *Canis latrans*
英名— Coyote

郊狼是一種大小介於狐狸跟狼之間的野犬，相信大家對於牠們晚上在荒野裡嚎叫的西部片場景也不陌生。郊狼的棲息地原本侷限在北美西部地區，但隨著灰狼的減少、滅絕，如今已大幅擴展。在這座黃石國家公園也是如此，隨著狼的滅絕，輾轉讓郊狼在生態系中占據了極高的地位。不過，據說因為啟動了以野生動物為重、堪稱是20世紀最大的實驗「狼的再引入」，使郊狼的數量轉為減少趨勢。

攝影地｜美國（黃石國家公園）
攝影者｜ Danny Green

首先來仔細看看野犬四系統當中的狼型系統吧。

歸類於此系統的野犬有10～13種。種類的數量之所以不固定，是因為相關見解有所歧異，舉例來說，應該將澳洲野犬（第60頁）視為獨立的一個種類還是灰狼的亞種呢？諸如此類的判定。此外，再以狼型系統底下的家犬為例，就其學名Canis lupus familiaris來說的話，牠們是灰狼（Canis lupus）的亞種。話雖如此，在近年的研究中卻認為，狗與狼雖然擁有共同的祖先，卻不代表狼就是狗的直系祖先。

而在狼型系統當中，除了狼、狗以外，還包含了郊狼與胡狼。究竟這些種類之間有著什麼樣的差異呢？

舉例來說，拿郊狼跟狼做比較的話，就會發現狼的分布區域遍及世界各地，相對於此，郊狼只棲息在北美至中美地區，體格也比狼要小得多。不過，從兩者能夠交配這一點去考量的話，牠們就不算是相異的種類，而可以將郊狼視為狼的亞種。再者，由於郊狼也可以跟家犬交配，所以好像也可以說牠們與狗同種，但就現狀而言還是視為相異的種類。

再來看看胡狼，雖然牠們與狼有相異之處（第84頁），兩者卻有著十分相近的親緣關係。胡狼原本有4種，其中之一便是棲息在非洲的阿比西尼亞胡狼，現已改稱為衣索比亞狼。此外，過去人們認為棲息範圍最廣的亞洲胡狼也有在非洲生活，但在2015年證實了非洲的個體實為別的種類，於是將其正名為「非洲金狼」（第84頁）了。也就是說，比起當作胡狼的新種，將之歸類為狼的同類更為妥當。

在狼型系統當中，還包含了以殘忍狩獵聞名的非洲野犬以及亞洲的豺。儘管各自具有一些相異的特徵，卻也如同先前所述，存在於這些野犬之間的界線是相當模糊的。

隨著基因解碼技術的進步，客觀分類的可能性也逐漸增加，顯示各種動物之間關係的「親緣關係樹（系統樹）」陸續被改寫、修正。換言之，現在的生物分類尚處於過渡期，可以想見今後還會繼續變化的可能性很大。

非洲金狼

學名— *Canis anthus*
英名— African Golden Wolf

長年以來被視為亞洲胡狼（金豺）的本種，自古以來就生活在人們的身邊，甚至可以追溯牠們在非洲神話中登場的時期。古埃及神話中著名的冥界之王——阿努比斯神，有另一個名字叫做胡狼神。這位神祇的形象正是胡狼頭人身。若照片中的野犬是新種的非洲金狼而非亞洲胡狼的話，搞不好神話的相關解說也要改寫了呢。

攝影地｜肯亞（夏巴國家保護區）
攝影者｜Malcolm Schuyl

真正的白色野犬

在野犬的四個系統當中，含有最多種類的就是赤狐型系統，有14種左右。正如其名，該系統最具代表性的就是赤狐，撇除某1種以外全員都是「狐狸」。除此之外，在南美系統中也有5種「狐狸」*[1]、隸屬島嶼灰狐型系統的2種動物也都是「狐狸」。其實在野犬的種類當中，有一半以上都是「狐狸」。

那麼，所謂的狐狸到底是什麼動物呢？

一般我們所說的狐狸就是指赤狐（亞種多達47種左右，在現存的所有陸上野生動物當中其分布區域最廣）。而與赤狐同為「狐屬（Vulpes）」的種類，和我們平常想像的狐狸十分相近，牠們全都隸屬於赤狐型系統裡。另一方面，南美系統中的5種「狐狸」*[1]，全都歸類在偽狐屬（Lycalopex）底下。此外，島嶼灰狐型系統的2種「狐狸」，則是全都歸類在灰狐屬（Urocyon）底下。也就是說，雖然同為「狐狸」，但身體的基本構造及性質仍有所差異。

另外還有一點比較複雜，就是國情文化不同導致認知上產生的一些差異。在南美系統中名字有犬的2種野犬——高地狐與食蟹狐*[2]，英文分別是Hoary Fox與Crab-eating Fox，也就是狐狸（前者是偽狐屬，後者是食蟹狐屬（Cerdocyon））。

類似這種例子，即使日文名字中出現了「狐」這個字，有時候與我們腦中浮現的動物之間也有很大的差異。上方照片中的北極狐或許也可以算是其中一個例子。此外，先前有提到赤狐系統中有1種並不是「狐狸」，指的正是貉。犬科動物在各自演化的過程中出了森林、前往平原，轉移了生活環境，然而貉卻是一種留在森林裡進行演化的動物。一般而言，貉的模樣是整個身體偏褐色、眼睛周圍及四肢為黑色，但也存在如下頁照片所示的全身雪白的貉（白色亞種）。此外，雖然貉的原產地是東亞，英文名稱卻是Raccoon Dog，也就是說在英語圈稱貉為狗。

我們是基於什麼原因稱某些動物為狐狸，以什麼為依據認為某些動物是狗、是狼呢？光是對各個系統有所了解，便能沉浸在天馬行空的想像當中，趣味無窮。希望藉由本書，各位可以仔細地探究這些動物真實的面貌。不知道閱讀過後的您，又會對狗、狼、狐狸抱持什麼樣的印象呢？

＊譯註1：國情差異。這裡指的是達爾文狐、阿根廷狐、河狐、山狐、秘魯狐。高地狐與食蟹狐的日文名稱是以「犬」字結尾（請參見P.9譯註2），與中文圈不同。
＊譯註2：請參見P.9譯註2。

左 | 貉

學名— *Nyctereutes procyonoides*
英名— Raccoon Dog

以日本為首、原產自東亞的貉，因為毛皮貿易而被引進了歐洲等地，其分布範圍也跟著擴展。貉的毛色是帶黃的黑（灰）褐色，所以白貉可能是因為遺傳疾病導致無法合成黑色素的白化症（白子）個體，又或是基因突變導致毛色等部位變白的白色亞種。照片中的貉的眼睛不紅，所以是後者，在人為飼育下刻意繁殖的情況也很多。為因應市場對毛皮的需求，時至今日人們依舊有在養殖貉，偶爾也會發生脫逃出去並野化的情況。除此之外，貉毛也可用於製作毛筆，特別是有「白狸」之名的白毛高級品更是備受珍視。

攝影地 | 德國　攝影者 | Frank Sommariva

右 | 北極狐

學名— *Vulpes lagopus*
英名— Arctic Fox

在阿拉斯加東北部地區至海拔3,000m的布魯克斯山脈的北極圈中，有一座北極國家野生動物保護區，為數眾多的野生動物棲息在這片面朝北極海的豐富大自然裡。適應了零下50℃這種嚴峻北極圈環境的北極狐也是其中之一。冬季期間，美麗無瑕的純白色毛皮包覆著北極狐全身，不過據說牠們還是會住在雪量較少的海岸就是了，就如照片所示。

攝影地 | 美國（阿拉斯加州）　攝影者 | Accent Alaska

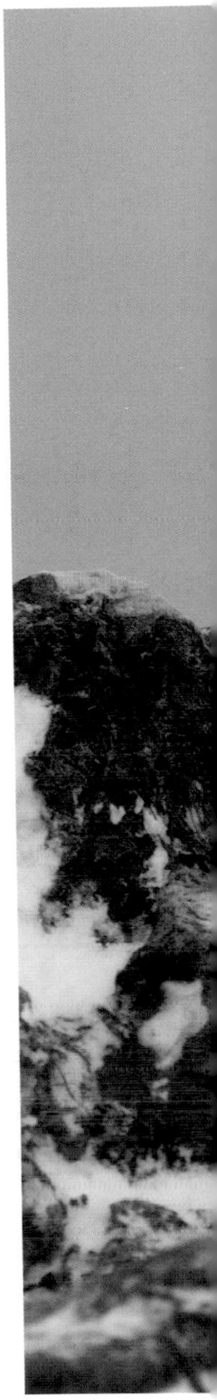

冒牌的白色野犬

Part 1 — Gray Wolf

灰狼

歡迎來到我們狼族
棲身的世界

我站在能夠眺望冰河的山地上
任鬃毛隨風飄揚
向著時間彼端踏上旅程
將夢想寄託在青色冰河
來啊，走吧
前往熟悉的長嚎響徹四方的世界

冰河與雲與狼

在長雲密布的斜坡上，遙望冰河的灰狼（Canis lupus）。就在阿拉斯加州南部的卡特邁國家公園一隅。這個地區亦是一座自然保護區，同時也以保育著世界上數量最多、2,000隻以上的棕熊（姑且可以算是狼的天敵）聞名。灰狼的棲息地在過去曾經遍及海拔4,000m以上的高山。

攝影地｜美國（阿拉斯加州）　攝影者｜Andy Rouse

仰天長嘯的森林之狼

在明尼蘇達州北部，北木（Northwoods）的森林裡，孤獨的灰狼正仰天獨自長嚎。北木是延伸至北美大陸北部的湖區，一年當中有一半的日子都被雪與冰封凍，是一座低達零下50℃的冰凍森林。似乎是與棲息環境有所關聯吧，北美地區的人們多稱Gray Wolf（灰狼）為Timber Wolf（森林狼）。

攝影地｜美國（明尼蘇達州）
攝影者｜Jim Brandenburg

為什麼人會覺得狼嚎別具魅力呢？

一聽到狼，腦中立刻浮現牠們長嚎身姿的人，應該不在少數吧？狼兒用盡全力仰天長嚎，好似要將悲愴的聲音傳遍每個角落。而那副模樣確實是想向我們傳達些什麼。

狼的聲音大致可以分成六種。嗚咽聲、吠叫聲、低吼聲、喊叫聲、利用鼻子或四肢這類嘴巴及聲帶以外的部位來發聲的「聲音」，再加上嚎叫。

狼是以這些聲音為基礎，再搭配臉部的表情、姿勢、氣味等訊息，與同伴進行溝通。雖然在這套複雜的溝通系統當中還有很多至今尚未知曉的部分，但經過長年不斷的研究，我們對於聲音本身隱含的各種性質有了越來越多的了解。發情期時會利用嗚咽聲引誘異性，警戒狀態下則會發出吠叫聲。還有威嚇時會低吼、受驚時會發出略高的驚叫聲等等。而在這當中，最令研究人員感興趣、做過最多深入調查的，就是狼嚎了。

究竟狼為什麼會嚎叫呢？一般認為主要的作用有三。

其一是為了與相隔甚遠的同伴溝通。也就是說，告知同伴自己的所在地、又或是尋求同伴的回應。其二是加深彼此的羈絆。舉例來說，狼在出發狩獵之前所發出的狼嚎，可能有讓狼群團結一心、提升士氣的效果。而最後一個也是最重要的功用，就是為了將彼此的存在及地盤告知其他狼群，藉以迴避不同狼群之間不必要的偶遇或是戰鬥。狼會組成數隻至最多20隻上下的群體，在直徑10～20㎞左右的地盤內活動。由於地盤周邊地區會與其他狼群重疊，為了避免彼此相遇，有必要採取一些預防措施。聽到其他狼群的嚎叫時，如果不想正面衝突，默不作聲地安靜逃離才是上策吧。不過，據說如果是手邊有新鮮獵物、身邊有小狼的情況，則大多會留在原地以長嚎回應對方。反過來將我族的所在地告知對方，是希望對方可以主動迴避。在這種時候，也伴隨著給予對方攻擊機會的危險性，所以很難下判斷，不過狼是因應狀況做決定後才會以長嚎回應。

狼嚎在過去是一種喚起人類心中恐懼的聲音。不過時至今日，感受到野性生命力而深受吸引的人似乎變多了。或許這也代表了，過往也曾屬於自然界一分子的人類，如今已與自然界漸行漸遠的事實也說不定。

在雪中長嚎的一對灰狼。幽深的、如泣訴般的狼嚎，在過去是令人寒毛直豎、喚醒心中恐懼的不諧和音。到了現在，反而成了教人回想起美麗大自然的野生音樂，許多人深受其魅力吸引。

攝影地｜北美　攝影者｜Tim Fitzharris

狼族棲身的世界

狼的棲息地範圍甚廣，從沙漠到北極圈都有，但這裡要介紹的是對我們人類而言相對熟悉的棲息環境。

棲息在紅葉草原

流經加拿大本土北端的樹河（Tree River）河畔，有4隻狼正在散步，其中的3隻還很年輕。樹河橫切因紐特人所居的基蒂克美奧特地區，最後注入北極海。周邊是一片廣闊的美麗紅葉草原，有12隻狼在此生活。這個地區還保有豐富的自然環境，以全長超過1m的北極紅點鮭為首，還有北極熊、北極狼等各式各樣的野生動物棲息於此。

攝影地｜加拿大（努納福特地區）
攝影者｜Jason Pineau

棲息在森林與海邊

在加拿大西部海邊的岩石上休憩的Timber Wolf（森林狼）。岸邊的多岩地區像是被大熊雨林的紅葉覆住般延伸而去。這座840萬公頃的廣大森林，是世界上最大的沿岸溫帶雨林。這裡保有幾乎未曾開發的自然環境，許多野生動物在此生活。在狼所居住的沿岸地區，各式各樣、大大小小的島嶼密布在錯綜複雜的海灣中。一般認為，適應其周邊沿岸環境的狼與內陸的狼是相異的族群。

攝影地｜加拿大（卑詩省）
攝影者｜Nick Garbutt

棲息在孤島的溫哥華島狼

小小的藤壺黏滿了這片多岩地區，待在大型海藻後方的狼投射出靜謐的視線。與阿拉斯加接壤的卑詩省太平洋沿岸有許多地形複雜的海灣交織形成峽灣，而浮在海上的溫哥華島彷彿與其南端相連。英文稱之為Vancouver Island Wolf（Canis lupus crassodon）的溫哥華島狼，是一種異於前頁所說的內陸狼及沿岸狼的小型種類，一般認為是這座島上獨有的特有亞種。對適應了島上環境的牠們而言，就算是岸邊岩石上的藤壺、龜足茗荷這類海生甲殼類，也是珍貴的食物來源。

攝影地｜加拿大（溫哥華島）
攝影者｜Bertie Gregory

在海邊生活的灰狼

—

狼通常棲息在內陸地區，以捕食鹿、山羊等獵物維生。不過，在加拿大西部的卑詩省沿岸地區，卻有一種狼一反人們的普遍印象，在海邊生活並以鮭魚、甲殼類等海洋生物為食。

加拿大的生物學家以及環境保護活動家自2000年代初開始，便針對這種狼的生態展開了長達10年的調查。透過從範圍廣大的領地採集狼糞進行分析的方法，使其生態樣貌逐漸明朗。

首先，已知有兩種狼分別棲息在大陸沿岸地區以及鄰接大陸的諸島上。住在大陸的狼以鮭魚作為主食，另一方面，住在島嶼的狼則以藤壺等甲殼類、鯡魚卵、鯨魚屍體等為食，甚至也會吃海豹。這算是極為罕見的生態，不過，據說在過去也有同樣的狼現蹤於同省以外的地方——與該省北邊接壤的阿拉斯加、以及位於南方的美國華盛頓州的沿岸地區。話雖如此，都因為人類狩獵導致數量銳減。一般認為，後來就只剩下擁有大片森林且地廣人稀的加拿大此區還有這種狼了。

儘管溫哥華島狼是如此珍貴的存在，牠們的未來仍飽受威脅。隨著大規模管道建設計畫的進行，屆時動工勢必會使液貨船頻繁來往沿岸地區，而這種變化恐會讓狼所居住的環境因此消失。

灰狼的代表

灰狼會因為國家、地區的差異具有不同的特徵，所以可劃分成許多亞種。而在灰狼當中最具代表性的亞種，就是照片中最早被發現（發表）的歐亞狼（Eurasian Wolf：Canis lupus lupus）了。因為作為一個物種的基礎，所以稱為基本亞種或是原名亞種。與中東、印度等南方狼相比，這些北方狼的體型較大，雄狼體重在50kg上下、雌狼在40kg上下。在正式紀錄上，最大的歐亞狼是在烏克蘭被殺的86kg個體。體格強壯，鼻尖至尾根的體長（頭體長）雄狼是150cm左右，地面至肩膀的高度（體高）為70cm左右。狼通常有著細長的頭骨，不過歐亞狼的頭骨與其他亞種相比稍微窄了些，吻部也更為細長。牠們過去廣泛分布在中歐、北歐、前蘇聯等的森林地區，卻因為各地的驅逐活動導致如今數量已急速減少，棲息地也有持續縮小的趨勢。歐亞狼在西歐大部分地區已是瀕臨絕種的狀態。挪威在1973年滅絕後有實施再引入計畫，但是挪威政府卻在2017年批准42隻狼的射殺活動，這個數字相當於棲息在挪威的狼的75%，因而引起了國際上相當大的議論。

攝影地｜挪威　　攝影者｜Jasper Doest

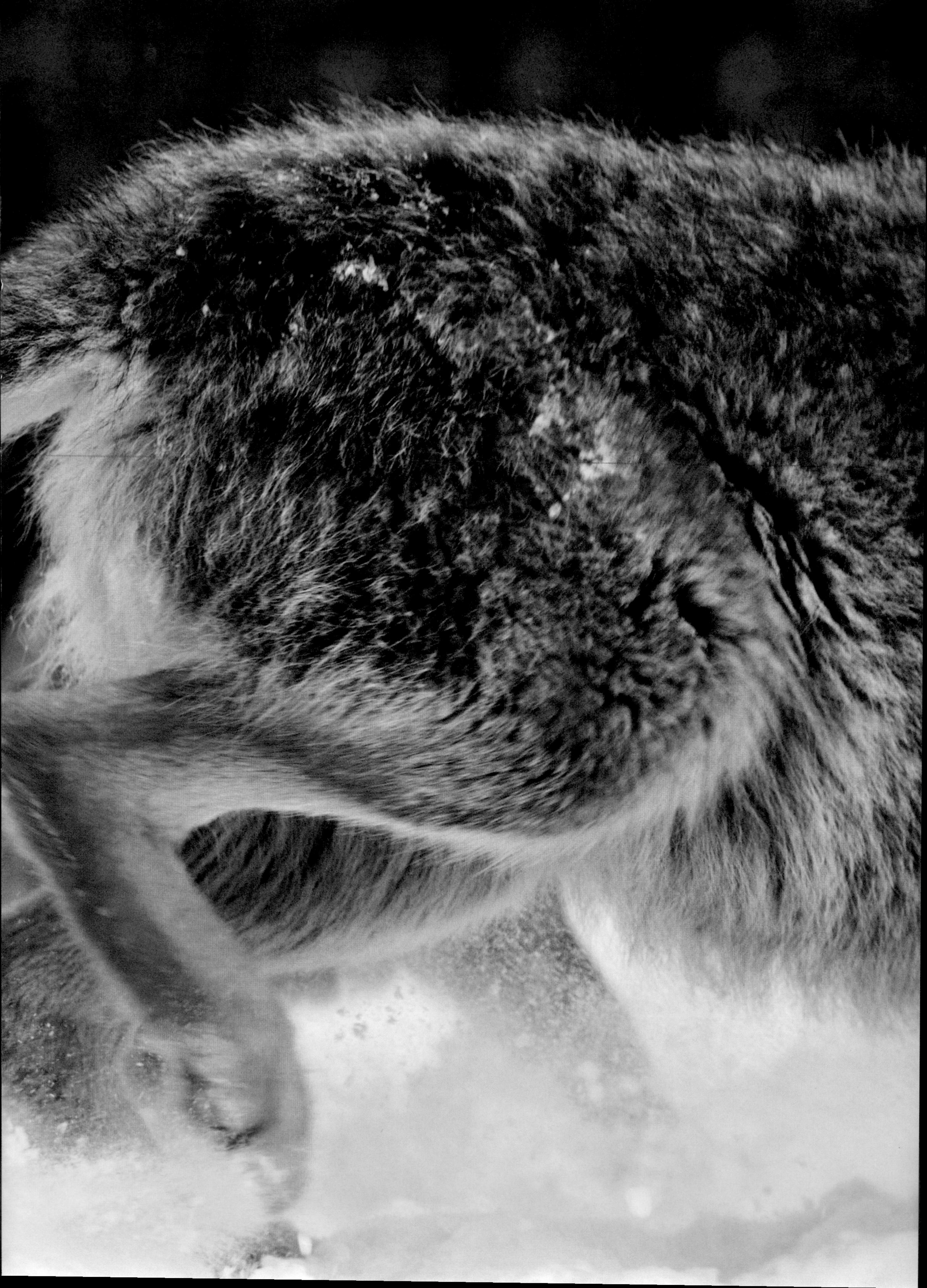

端詳灰狼的身體

長而有力的後肢（腳）擁有驚人的瞬發力，能夠儲存力量。腳跟並未觸及地面，而是利用僅以四根趾頭的趾尖接觸地面的趾行性方法輕快地奔跑、安靜地行走。與貓科動物不同，狼的鉤爪無法自由伸縮，所以爪尖會磨損變圓。維持體溫的濃密狼毛有兩層，由外側的粗毛及內側的軟毛構成，而且有6～10cm這麼長，但位於臉部及四肢的毛就比較短了。尾巴長度有30～56cm左右。尾巴上方的根部有尾腺，肛門則有兩個肛門腺。狗狗之間經常會嗅聞彼此的肛門或生殖器附近，但是狼極少這樣做。不過，據說狼光靠氣味就可以得知對方的性別甚至是年齡。除此之外，也有研究報告指出，牠們會將肛門腺的分泌物混入糞便當中，並於特定場所留下糞便，藉此向同伴傳達各式各樣的訊息。

攝影地｜挪威　攝影者｜Jasper Doest

在阿拉斯加州南部的卡特邁國家公園的海邊，逆流而上的鮭魚被灰狼逮個正著。已知在加拿大沿岸的部分地區，有以鮭魚為主食、也吃了不少貝類及海洋哺乳類的「海邊狼」，但在8月的阿拉斯加竟然也能看到同樣的光景。最近的研究指出，已經滅絕的北海道蝦夷狼也跟加拿大的海邊狼一樣會吃許多鮭魚，具有依賴海產食物的食性。

攝影地｜美國　攝影者｜Oliver Scholey

像熊一樣會吃魚呢！

一般推測野生的狼一天會吃下2.5～10 kg的食物。要天天攝取如此大量的食物，光靠小型獵物果腹遠遠不足，無論如何都必須獵捕些大型獵物才行。也因此，以鹿、馴鹿這類有蹄類為首，狼主要是獵捕大型草食動物維生。

狼在地盤內成群活動，一天會走上好幾十公里四處尋找獵物。一旦發現獵物的蹤影，就會開始追捕、咬住頸部並放倒獵物，直到對方無法動彈為止都會全力壓制，這就是狼在狩獵時所運用的基本方法。大多數情況下，獵物身上除了頸部破洞之外幾乎不會有出血或是傷口，過不了多久就會斷氣，但有時狼群也會在獵物一息尚存的時候就撕裂其身體開始進食。

偶爾有幸捕到大型獵物的話，狼會在短時間內一口氣吞食殆盡（一隻狼在24小時內最多可以吃下20 kg的食物）。在這之後的幾天就不再進食任何東西，繼續為下一頓飯的著落四處奔波，如此重複過著同樣的生活。

只不過，這種狩獵模式的成功機率，平均下來只有1到3成左右而已。當對方體型巨大，有時狼也會因此受傷甚至是被反殺。狩獵絕對不是什麼輕鬆的工作。也因此為了多少補充些營養，牠們會將各式各樣的獵物吞下肚。舉凡老鼠、松鼠這類小型哺乳類，一直到昆蟲、鳥、乃至各種屍體、人類丟棄的垃圾，只要是能夠到手的食物狼都會吃，為的就是補充能量。也就是說，其實狼已經很接近雜食性動物了。

在這範圍寬廣的食性當中，長久以來不太為人所知的就是魚了。就像第19頁有稍微提過的，在人們觀察到北美大陸西海岸（尤其是加拿大西南部的太平洋岸）的狼食用鮭魚的模樣後，那嶄新的生活風貌才有了逐漸明朗的跡象。

所說的正是為了產卵而於每年秋季重返這片海域的鮭魚，狼看準了這個時機下水捕魚。根據為期20天的觀察發現，狼平均1個小時捕獲21條左右的鮭魚，而且專挑魚頭吃，剩下的部位幾乎都捨棄掉了。應該是為了獲取大量獵物，才會專吃最營養的部分。

比起狩獵大型動物，捕捉鮭魚不僅簡單許多，風險也相對較低，因而發展出這樣的適應方式。正因為擁有這種與吃相關的靈活適應力，狼才得以在各種環境中棲息吧。

上｜ 追趕鮭魚的森林狼

在卑詩省太平洋岸無盡延伸的溫帶雨林——大熊雨林的夏天。到了8月銀鮭便會沿著河川逆流而上。暗褐色的Timber Wolf（森林狼）正在追捕牠們。以卑詩省與美國阿拉斯加州東南部海邊為家的狼，體型比內陸狼小2成左右，據說過往的棲息範圍曾經遍及太平洋岸的大部分地區。食性也與內陸型的狼不同，在10月過後的產卵期，牠們的食物來源有四分之一都是鮭魚。

攝影地｜加拿大　攝影者｜ Jack Chapman

下｜ 襲擊馬鹿的灰狼

亞伯達省西部有座登錄於世界遺產名單上的班夫國家公園，在一條流經園內的河中，灰狼把加拿大馬鹿（Elk）逼入絕境。話雖如此，這事沒有想像中簡單。如果是狼群出狩也就罷了，想單槍匹馬捕捉大型鹿隻的話就相當困難。因為身為獵物的鹿也會判斷情勢，當下是只有一隻狼在進行狩獵還是有狼群來襲。相反地，據說狼也有可能因為察覺到危險而立刻中止狩獵行動。

攝影地｜加拿大　攝影者｜ Chris Stenger

熊是競爭對手？還是戀人呢？

熊與狼的活動範圍大多是相同的，不過一般認為牠們基本上對彼此的存在漠不關心。不過，一旦與獵物扯上關係，那又是另外一回事了。

如果熊發現狼手邊有獵物，牠會毫不留情地試圖搶奪。通常在這種情況下，大多會演變成複數隻狼與一隻熊相爭的場面，儘管數量上居於劣勢，有壓倒性蠻力的熊依然占有很大的優勢。就算狼嘗試要攻擊，熊也會採取強力反擊——朝對方猛撞或是用前肢抓住對方等等。到最後，狼只有摸摸鼻子離開的份。也就是說，[*1]狼是被奪取的一方、熊則是奪取者，雙方是這樣的關係。

話雖如此，顛覆這種印象的一幅光景，卻在芬蘭北部的荒野被一名野生動物攝影師給捕捉到了。年輕的雄棕熊與年輕的雌灰狼在長達10天的期間，和睦

融融地分食獵物，就連休息、玩耍的時間也是彼此相伴。該名攝影師表示，這隻狼似乎也被棲息在附近的其他熊隻接納的樣子。

雖然不曉得為什麼這隻狼能夠與熊走得如此接近，但這毫無疑問是一幅極為罕見的光景。

同時也顯示了，或許兩者之間的關係遠比人們所想像的還要更為豐富也說不定。

＊1——在灰狼與灰熊的案例中，曾觀察到北極狼成群驅逐入侵地盤的北極熊的情景。

右｜熊羅密歐與狼茱麗葉

在芬蘭東部庫赫莫的夏季濕地上，年輕的雄棕熊與雌灰狼友好地並肩而立。由於雙方的關係是自然界互相對立的兩個物種，所以攝影師稱牠們為羅密歐與茱麗葉。在加拿大，也曾有北極熊與家犬開心玩耍而蔚為話題，或許還有好多不為人知的野生動物之間的交流方式存在也說不定。

攝影地｜芬蘭　攝影者｜Lassi Rautiainen

左｜相距短短的 30cm

生性害羞且離群索居的年輕雄熊正要進食，一隻年輕的狼卻靠了過來。是一隻有著明亮毛色的美麗雌狼。雙方關係友好，狼還會帶食物給熊吃。熊與狼一起合吃一塊肉。當牙齒刺入肉裡的時候，彼此的距離只有短短的30cm。據說這淡淡的戀情維持了1週以上。

攝影地｜芬蘭　攝影者｜Lassi Rautiainen

為何狼眼令人印象深刻？

人類之所以對狼心存畏懼，其中一個原因與那銳利無比的視線有關。狼的眼睛和人一樣有眼白，其中又包含了帶有顏色的虹膜。位於更中心的部位則是俗稱黑眼珠的瞳孔。不過，狼的眼白部分被周圍的毛髮隱蔽，所以看不見。然而，在狼的眼睛周圍有一圈黑色外緣，其虹膜又如人的眼白般明亮，造成瞳孔就如同人的虹膜一樣顯眼。也因此，就好似人的視線方向明確，我們會覺得狼正朝著自己的方向投以銳利的目光靜靜凝視。

另一方面，在犬科（也包含狼）動物當中，也有很多與狼相反，虹膜的顏色較深、視線沒有那麼惹人注意的種類。京都大學野生動物研究中心的研究團隊就曾經針對這個主題，調查了視線顯眼

的種類與不顯眼的種類之間的差異。研究結果顯示，與單獨行動的種類相比，成群行動的種類其視線會比較顯眼。不光如此，他們還發現了在成群行動的種類當中，又以成員靠合作來狩獵的種類其視線有更加顯眼的傾向。也就是說，就溝通層面來看，視線發揮了相當重要的功能。

的確可以想像，基本上以族群為單位生活、視線顯眼的狼，經常利用視線來進行溝通。如上所述，已知與其他視線不顯眼的犬科動物相比，狼會長時間凝視族群裡的同伴。讀取對方的視線、抑或讓對方讀取自己的視線，想必花了不少時間吧。

一般認為，狼在朝我們投射出銳利視線之際，也是在靜靜地讀取我方的視線。

右｜ 狼也同樣在回望

從被深雪掩埋的樺木林樹木之間，一對歐亞狼投射出好似要把人吸走的視線。被黑色圍繞的黃色眼睛（虹膜）中，黑色「瞳孔」清楚地浮現而出。當人凝視著狼眼時，就好像狼也同樣在回望著人。此外，剛出生的狼寶寶眼睛（虹膜）就像貓寶寶的混濁藍（Kitten Blue）一樣藍，要到出生後8個月大左右才會逐漸轉為黃色。

攝影地｜挪威　攝影者｜Jasper Doest

左｜ 靠著敏銳的目光鎖定獵物

於1872年創立的世界首座國家公園——黃石國家公園。雖然在這座巨大自然保護區內的狼於1926年滅絕了，不過藉由1995年實施的狼的再引入計畫，使得鹿等草食動物四處分散，結果讓草原及樹木有了再生的機會。銳利的目光彷彿從高草之間穿梭而過，看似準備要突襲什麼的一隻灰狼。後腳的關節柔軟且瞬發力強，所以能夠高高地一躍而起。當獵物是像老鼠這麼小隻的時候，狼會像狐狸一樣以拱形弧線飛躍而起，用強壯的前腳制伏獵物。

攝影地｜美國　攝影者｜George Sanker

野生種
已滅絕的狼

在世界各地飽受迫害所苦的狼。
無處可逃的日本列島的狼也滅絕好久了。
不過，也有一些在野生世界滅絕的狼，
因為積極的保育活動分化出未知種或亞種，
在保育地區或人為飼育下延續命脈。

紅狼、墨西哥狼

廣布於北美地區的狼雖為灰狼，18世紀末時卻在美國東南部發現了一種疑似與灰狼相異的狼種。到了19世紀後半葉，才得出結論確定是相異的品種，此狼即為紅狼。

但是在相關的正式研究才正要開始的1960年代，紅狼就已經處於瀕臨絕種的狀態，到了1980年左右就確認野生種正式滅絕了。話雖如此，因為一項在滅絕前將約30隻狼保育起來繁殖的計畫，使少數紅狼倖免於難，在那之後也順利繁衍出數百隻後代，如今正處於野放階段。

將這種狼逼入絕境的罪魁禍首是人類。在美國東南部的拓荒活動開始發展的時期，由於紅狼會襲擊家畜而被人們視為害獸加以驅除，導致牠們失去了棲息地、在移居地與郊狼雜交、感染了寄生蟲等等，數量因此大減。

和紅狼一樣，在1970年代時野生種就身陷滅絕狀態的還有墨西哥狼。除了墨西哥以外，這種狼過去也棲息在美利堅合眾國西南部的亞利桑那州、新墨西哥州、德克薩斯州，是灰狼的亞種。因為會捕食作為家畜飼養的牛隻而被人們驅除，被逼入了幾近滅絕的險境。

不過，自1976年被列為瀕危物種之後，人們開始捕獲殘存於野外的個體並加以保育，開始了繁殖計畫。然後在1998年，為了讓野生的個體數再次恢復，野放了11隻狼返回自然環境裡。

像這些試著讓狼重返自然界所施行的「再引入」計畫，除了會對生態系造成影響之外，在當地居民及牧場主人的心中也存有能否人畜平安的疑慮，因此相關計畫必須審慎實施。這個墨西哥狼的案例、以及1995年在美國西北部進行的灰狼的再引入計畫，實施前的事前準備工作（實施條件與方法的研討、環境評估等）及討論就耗費了長達20年左右的時間。

就結果來看，在美國的西北部地區，分次引入的數十隻灰狼超乎人們預期地繁殖，自再引入計畫開始經過了十幾年，數量已增長到了1700隻。另一方面，據說墨西哥狼保育計畫的原定目標是在引入的8年後——也就是2006年其數量可以增加至100頭，卻在2010年的時間點證實只有50隻而已。在那之後，方法經過調整，終於在2016年確認有超過100隻，2017年時至少有143隻棲息在外處於野生狀態、在繁殖設施中人為飼育的約240隻。

右 | 紅狼

學名— *Canis rufus / Canis lupus rufus*
英名— Red Wolf

整體帶紅，尤其是頭部至頸部、四肢的部位有許多紅毛，因此稱之為（美國）紅狼。體色的個體差異很大，從灰色到淡褐色、肉桂色、全身紅毛、到近黑色的個體都有。背部及尾巴偏黑，腹部較淡。也曾經出現過全身黑毛的類型，但如今已滅絕。鼻尖至尾根的體長（頭體長）為135～165cm、尾長25～46cm、體重16～41kg。就算是最大的雄狼，體型也只有到歐亞狼的雌狼那樣。由一對至12隻的家族成員組成狼群，通常在出生後2年左右就會離群。狼群擁有複數個巢穴，育兒工作由整個群體共同分擔。雖然已經將紅狼再引入至保育地區了，但人們擔心與郊狼雜交會影響純種血統的存續。

攝影地 | 美國　攝影者 | Mark Newman

左 | 墨西哥狼

學名— *Canis lupus baileyi*
英名— Mexican Gray Wolf

帶有黃色系的灰色至暗黃褐色的毛色，背部至尾巴則覆有黑毛。被視為北美最小的灰狼亞種，頭部又小又細。有紀錄顯示，成年雄狼全長157cm、尾長41cm、後腳26cm。根據再引入至亞利桑那的墨西哥狼食性調查（夏季）結果顯示，牠們所吃的獵物當中，大型鹿類紅鹿（Wapiti）占了8成、家畜牛16.8%、鼠類等齧齒類動物2%，其他各未滿1%的則是騾鹿類、兔子及松鼠等。

攝影地 | 美國　攝影者 | Tim Fitzharris

北歐的灰狼

—

在北歐的斯堪地那維亞半島（主要是瑞典與挪威），野生狼在1960年代一度滅絕，現在則有400隻左右棲息於當地。

據說為該物種的復興帶來一線生機的，是在80年代從芬蘭與俄羅斯的交界地區來到瑞典南部的僅僅3隻狼。以牠們為始，狼的數量逐漸增長，二十幾年後便增加到了200隻左右。據說在2008年時又有2隻狼從相同的區域移動而來，也幫了不少忙，才得以成長到現在的數量。

雖然從滅絕之中復活是件好事，但是在幾乎沒有外來新血注入的情況下持續近親繁殖，造成了身體上一些問題。據說有不少骨骼、牙齒、生殖功能出現異常的情況，大多數個體尚未成年就夭折了。今後的狀況依舊令人擔憂。

其中，棲息在挪威的有60隻左右，但是在該國卻因為襲擊家畜羊的惡行，導致絕大部分的狼都被判了死刑。原以為在這個以注重環境及自然聞名的的國家應該會引起極大的反對聲浪，沒想到實際上贊成的聲音反而一面倒地多。也有人認為，或許是因為實際造成的損害太大，再加上傳說、神話當中「狼很恐怖」的印象深植人心，才會出現這樣的結果。

另一方面，同樣位於北歐的丹麥也有類似情形，雖然狼早在19世紀滅絕了，卻在時隔200年後的2017年發現狼的蹤跡，一時蔚為話題。似乎是從德國移動而來的樣子。

由此可見，對北歐的人們而言，狼是一種數量雖少、存在感卻非常大的動物。

右 | 挪威的狼

樺木林裡，幾棵稀疏的樹從純白的雪之絨毯穿刺而出。靜靜佇立於樹林之間的狼們。位於挪威特羅姆瑟的極地公園，是一座僅以柵欄圈出大自然一角的動物園。在這座世界最北端的自然動物園中，雖然是人為飼育下的產物，但可以在美麗的自然環境中撫摸狼兒、聆聽狼嚎等等，進行諸多親密的互動。

攝影地 | 挪威　攝影者 | Jasper Doest

左 | 芬蘭的狼

狼在雪原枯木的下方打量著停在上頭的金鵰。想當然耳，金鵰知道狼不能飛，所以一派悠然自若。冬季期間，芬蘭的狼以體重是自己10倍以上的駝鹿為主食，占了食物當中的90%。根據芬蘭奧盧大學的調查結果顯示，成狼一天需要3.6kg的肉。整整1個月就是100kg，有10隻狼的話就是1ton了。當然，狼的狩獵對象不光只有駝鹿，在冬天牠們也會吃馴鹿、野兔、貉、死屍，還有照片中的鳥等。

攝影地 | 芬蘭　攝影者 | Lassi Rautiainen

上 | 義大利狼

學名— *Canis lupus italicus*
英名— Italian Wolf

棲息在義大利半島的亞平寧山脈及西阿爾卑斯山脈。是灰狼的小型亞種，體重通常為25～35kg。較大的雄狼有45kg、體長110～148cm、肩高50～70cm。毛色是灰褐色，夏天則帶有紅色系。臉頰及腹部的毛色較為明亮，背部及尾尖有一些黑色系的帶狀分布。有時在前腳的部分也有黑帶。

攝影地 | 義大利（阿布魯佐大區拉奎拉省奇維泰拉阿爾費德納）
攝影者 | Saverio Gatto

下 | 伊比利狼

學名— *Canis lupus signatus*
英名— Iberian Wolf

直到20世紀初期都還能在伊比利半島的大半地區看到的灰狼亞種，現今的棲息地侷限在西班牙西北部及葡萄牙北部。毛色以褐色為基調，從暗色到稍微近紅色系的個體都有，不過牠們的特徵皆為嘴巴周遭至臉頰有呈白色斑點狀的鬆、前腳上有垂直黑線、尾巴有黑色斑點，以及稱做鞍（saddle）的十字暗色花紋，這也是亞種小名 signatus（拉丁語「帶有特色印記的」）的由來。頭體長 100 ～ 120cm、體高 60 ～ 70cm、體重 30 ～ 50kg，體型比歐亞狼小，但比北美的森林狼大。整體的體態修長，有紀錄顯示最大的伊比利狼可以到 75kg。雄狼超過 40kg，雌狼則在 30kg 上下，雌狼的體型為雄狼的 8 成大再少一點。此外，也有一說認為，該狼種應為歐亞狼而非獨立出來的亞種。

攝影地 | 西班牙（安達魯西亞自治區馬拉加省安特克拉）
攝影者 | José B. Ruiz

南歐的灰狼

南歐的西班牙、義大利、葡萄牙也和其他歐洲國家一樣，一直到20世紀半，狼的數量都在持續減少當中。1960年代時，只剩下小規模的族群呈孤立狀態殘存於人口較少的山岳地區。不過，在那之後就進入了自然保育的時代，先前提到的那幾個國家都將狼列入了保育對象之中。結果，2010年時確認有200～300隻狼穩定棲息於葡萄牙、2013年時確認有1,500～2,000隻狼與1,000隻狼分別棲息於西班牙及義大利，可以看出數量有增加的趨勢。

在狼受到保育並逐漸增加的過程中，義大利還野放了鹿等動物至狼再次回歸的森林裡。雖然狼與鹿在自然界是互視對方為獵物與天敵的關係，但在恢復其中平衡的過程當中，不僅雙方的數量各有增長，原本被破壞掉的生態系也有逐漸恢復的跡象。除此之外，人類致力於避免開發這些森林所做的種種努力，也帶來了極大的成效。

人們發現，帶來的成果不僅有義大利的狼擴大其分布範圍，其中一部分還移往了狼已滅絕的法國。

據說和歐洲中部及北部相比，南歐的人對狼相對寬容。當地比較少有狼與人類互相畏懼、迫害的傾向，而且人狼共存的觀念為普羅大眾所接受的樣子。雖然與北歐挪威人們對狼的恐懼之情形成了強烈對比，卻都能從兩者身上感受到歐洲人與狼之間的關係有多麼深遠。

沙漠的狼

—

被沙漠覆蓋的阿拉伯半島上，棲息著一種阿拉伯狼。肩高約65cm、平均體重不到20kg。牠們以身為所有狼當中體型最小的種類聞名，一般認為這是對抗暑熱的適應結果。耳朵所占的身體比例偏大，應該也是為了幫助耳朵散熱。

這種狼會捕食包含家畜在內的所有動物，攻擊對象最大有到山羊那種大小，因而被人們視為害獸加以驅除。結果，過去在半島的所有區域幾乎都看得到的阿拉伯狼，如今僅殘存於半島北端附近的以色列內蓋夫沙漠、伊拉克、南端附近的葉門及阿曼等的部分地區。

另一方面，在禁止狩獵的阿曼，反而是急速增加當中。在個體數同樣呈現增長趨勢的伊拉克，也有傳出阿拉伯狼具有攻擊性、對村人及農民造成威脅的相關報告。

阿拉伯半島是一個有複數個宗教誕生的地方。聖經上多次描寫到狼是會襲擊動物群的外敵、是背叛或殘暴的象徵，不過我們似乎可以這樣說：狼與人類一如既往在這個嚴苛的自然環境中為求生而爭的狀況，從今往後仍會持續下去。

阿拉伯狼

學名— *Canis lupus arabs*
英名— Arabian Wolf

一般認為，阿拉伯狼是灰狼的亞種，同時也是以色列有100隻左右、全世界僅有1,000隻左右的稀有種。正中午12點，牠在氣溫超過50度的灼熱沙漠上踽踽獨行。在這片獵物稀少、全世界屈指可數的乾燥地帶，要像世界各地大多數狼那樣成群合作狩獵很困難的。阿拉伯狼會組成由家族成員構成的小群體、或單槍匹馬獨自上陣，獵捕山羊類努比亞羱羊的羔羊等獵物。不過，阿拉伯半島上最大的肉食動物並不是阿拉伯狼，而是幾乎為其2倍大、體重可達40kg的條紋鬣狗。有些時候，阿拉伯狼會與這群棲息在北非至印度之間的最大敵人搶奪獵物、展開激烈的爭鬥。另一方面，也出現過罕見的案例，曾有以色列的動物學家提出阿拉伯狼與條紋鬣狗互助合作的報告。在一個由7隻狼組成的群體的中心，竟然有1隻條紋鬣狗與牠們一同奔馳，沒有半點爭吵的跡象。就像熊與狼可以友好相處的事例，或許身處荒涼乾燥地區的掠食者們會互助求生也不足為奇呢。

攝影者 | Roland Seitre

印度／中東的狼

—

印度狼的外表與廣布於中東一帶的伊朗狼很像。由於過去彼此的分布區域也有一部分重疊，所以人們曾經將兩者視為灰狼當中的同一個亞種。不過，透過近年的基因解碼技術，發現兩者有長達40萬年以上的時間不曾互相交配過，才了解原來是不同的種類。

印度狼以印度為中心分布，伊朗狼則廣布於中東地區，兩者都棲息在平原及沙漠。從特徵來看，牠們在所有狼種當中屬於身體偏小的那一群。

這兩種狼都被當地的人們警戒、避忌，尤其印度狼又以攻擊家畜甚至是人類而臭名遠播，鎖定孩童下手的案例不在少數。狼會擄走孩童的故事也流傳了數代，不過實際上並沒有真的被狼抓走的相關案例被證實，不過若是被狼養大的少年這類傳說的話，就全世界來看在印度算是流傳甚廣、相對較多的。

印度狼

學名— *Canis lupus pallipes*
英名— Indian Wolf

從凹凸不平多岩地區的黑暗中，安靜地穿梭而過的印度狼。由自動攝影機（相機陷阱／camera trap）捕捉到的野生一瞬間。雖然印度狼長得和阿拉伯狼十分相似，但夏天時牠們的背部及腰部依舊留有一些稍長的毛。位於伊朗北部、首都德黑蘭的南方有一座自然保護區——卡維爾國家公園，以印度狼、條紋鬣狗等肉食動物為首，還有許多草食動物棲息在該區，像是山羊、綿羊、瞪羚等等。就好像一座野生動物園，可以看見帶刺的樹木及灌木叢，廣大的草原與沙漠一望無際，還有亞洲獵豹、波斯豹等稀有大型野生貓科動物棲息於此，所以這個地方也被稱做小非洲。在公園中心，有一片叫做黑山（Black Mountain）的美麗岩區。

攝影地｜伊朗（卡維爾國家公園）　攝影者｜Frans Lanting

藏狼

學名— *Canis lupus filchneri* / *Canis lupus laniger*
英名— Tibetan Wolf

2隻藏狼在寬廣的平原上狂奔，追趕負傷的藏野驢。藏野驢體重可達400kg，是世界上最大的野生驢。被列為自然保護區的可可西里位於青藏高原北部，海拔高達4600m。該區被稱為中國最後的秘境，保有幾近完美的自然狀態，有230種以上的野生動物棲息於此。2017年登錄了世界自然遺產。根據英國人首次呈報的紀錄顯示，從古代棲息至今的藏狼有著又長又尖的臉、呈弓形勾勒的眉毛、寬大的額頭、又大又尖的耳朵，身體是暗褐色唯整個臉部及四肢呈現帶黃的白色，體長110cm、肩高76cm。雖然體型比印度狼還要大，但身為灰狼的亞種，其四肢稍微短了些。

攝影地｜中國（青海省玉樹藏族自治州可可西里）
攝影者｜XI ZHINONG

亞洲的狼

—

分布於亞洲大陸東部的狼中，有藏狼與蒙古狼。這兩種狼都是灰狼的亞種，分別棲息在包含西藏在內的中國西部至印度北部，以及蒙古至中國北部的廣大地區。

透過比對近年粒線體DNA的系統調查發現，藏狼在比狗還要早的階段就從灰狼當中分化出來了。一般認為，這是在大約2萬年前正值末次冰盛期時，牠們的棲息地與世隔絕因而促成獨自演化的緣故。

另一方面，蒙古狼自古以來就與人類的關係深遠。對在草原生活的蒙古人而言，狼就是神，也是他們信仰的對象。之所以會有這種觀念，是因為狼以食草的蒙古瞪羚為獵物，對當地人來說就像是守護著大草原般的存在。狼為蒙古民族帶來了極大的影響，據說蒙古騎兵的戰鬥方式也很有狼性。

滅絕的日本狼

日本在過去曾經有兩種類型的狼存在。棲息在北海道的大型蝦夷狼，以及棲息在本州、四國、九州的小型日本狼。

兩者都是在100萬年前以上日本尚與歐亞大陸相連時，與其他大型動物一同遠渡而來，所以原本應該是同一種狼。不過在那之後，大約1萬年前進入了沖積世（全新世）時代，由於本州自北海道分離，導致兩者發展出了相異的演化。

當時，因為暖化加劇使得本州的植被發生變化，包含狼會捕食的駝鹿在內，許多大型動物相繼滅絕。在這個過程中，本州的狼透過小型化存活了下來；另一方面，由於北海道依舊與大陸相連，一直有大型狼從大陸進入北海道，蝦夷狼的身上就還留有那些基因。

後來，牠們與人類的關係日漸深切，對日本人而言，狼既是令人畏懼的存在也是尊敬崇拜的對象。因為狼是一種幫忙捕食毀壞農田的山豬及鹿的動物。或許是志同道合的關係吧，就捕鹿而言與狼站在相同立場的北海道阿伊努人，見到狼高明的狩獵技巧，而將其視為狩鹿的「卡姆伊（神）」崇拜。

話雖如此，到了18世紀時，狀況有了急遽的轉變。當時狂犬病肆虐，要是連狼也被傳染的話將會對人類造成巨大威脅，於是狼便成了人們致力驅除的對象。或許也與適逢犬瘟熱這種感染疾病從外國流入等因素有關，導致蝦夷狼在1894年左右、日本狼在1905年最後一次被人目擊，自此便雙雙滅絕了。

不過，儘管有上述這些緣由，有過被人們崇拜的風光時代的日本狼滅絕了，被人們忌諱嫌惡、持續遭到迫害的北美狼反而存活了下來，不禁令人覺得還挺有意思的。

上｜ 日本狼（標本）

學名— *Canis lupus hodophilax / Canis hodophilax*
英名— Japanese Wolf

日本狼是灰狼的亞種當中最小型的狼種之一（若單論頭的大小，則阿拉伯狼是世界上最小的）。體格與柴犬等相似，與其他狼相比前腳及耳朵偏短。推測體重也僅15kg上下。頭體長95～114cm、肩高55cm左右。日本狼的標本在全世界只有5件。其中一件就是照片中的剝製標本，現於日本國立科學博物館的常設展中展示。據說這是明治初期時在福島縣捕到的雄狼，而且是所有日本狼標本當中最棒的一件。

收藏｜日本國立科學博物館　攝影者｜ Brett L. Walker

下｜ 蝦夷狼（標本）

學名— *Canis lupus hattai*
英名— Hokkaido Wolf

與日本狼相比，蝦夷狼是相當大型的種類，兩者並列時相差有20cm左右，大小非同小可。就算光看頭部的長度，也足以匹敵同樣是灰狼亞種的大型狼種歐亞狼。據說牠們的食性也比日本狼來得豐富許多，除了大量獵食遠比本州鹿隻還要大的蝦夷鹿等陸上動物之外，還會吃鮭魚等海產食物、有時像北極圈的北極熊一樣啃食被沖上岸的鯨魚腐肉等等。針對蝦夷狼骨頭裡含有的同位素進行分析後，甚至發現了獵物有7成都是海產食物的個體。照片是現存於北海道大學、世界上碩果僅存的蝦夷狼標本。

收藏｜北海道大學植物園暨博物館

現在世界上還剩下多少隻狼呢？

一般認為，可以將其視為當今狼的同類的動物，是在距今250萬年前至180萬年前之間出現於地球上的。最一開始於北美大陸現蹤，自40萬年前左右開始移往歐亞大陸、又或是回歸北美大陸等等，逐漸擴展至兩塊大陸。

說到狼，通常是指灰狼（學名Canis lupus）。灰狼在北美大陸可分為5個亞種左右，在歐亞大陸則分成7～9個亞種（不同專家的分類方式會有所差異），所有的狼皆囊括在內。牠們適應了從北緯20度以北至80度的各種環境，如果把我們人類（Homo sapiens）除去不算，過去世界上分布最廣的野生陸生哺乳類就屬狼了。

話雖如此，以西方文明為中心，狼因為身為象徵大自然危險性的動物，逐漸招來人們的忌諱與厭惡。各地以撲滅狼隻為己任，導致在這數百年內狼在全世界的數量急遽減少。狼在西歐幾乎都滅絕殆盡了，在亞洲、北美大陸的數量也銳減許多。一般認為，狼的數量已經減少至過去的三分之一到一半左右。

不過，進入20世紀後半葉以後人們的環境意識開始高漲，過去以來人類對狼所抱持的負面印象，也證實了大多都是些毫無根據的非科學觀點。其實狼是一種擁有高智力與複雜社會性的動物，不論是對人類還是對生態系而言也絕不是什麼會造成威脅的動物。甚至可以說狼是生態系中必須存在的動物。有了這樣的重新認知，我們一改過去的行為，開始推行將狼重新引入牠們過去棲息的環境的活動。

舉例來說，在北美地區有人創立了民間基金會，專門發放補償金給因狼而蒙受損失的家畜業者，從而削弱了農人對狼的再引入計畫的批評聲浪。此外，還成立了一個制度——每當有狼在自己持有的土地上產崽時，就可以得到一筆金額固定的款項。

狼從危險的動物變成了被保育的動物。雖然現在在中東地區的個體數依舊呈現減少的趨勢，不過在歐洲、亞洲、北美大部分地區，狼的數量基本上是處於增加或穩定狀態。

總數的話，據說目前在亞洲有9萬～10萬隻、在北美有6萬～7萬隻、在歐洲有1萬幾千隻左右。若論全世界，雖然也會因研究者而異，但一般認為有16萬～30萬隻左右。

百花盛放的原野上，舔拭母親嘴邊吵著要吃東西的小狼。不曉得這對母子還有沒有未來呢？

攝影地｜美國（明尼蘇達州）　攝影者｜Michelle Gilders

灰狼的分布與主要亞種棲息地的參考圖

亞洲沙漠狼 Asian Desert Wolf（*Canis lupus desertorum*）、馬更歇狼 Northern Gray Wolf（*C.l.occidentalis*）、
阿拉伯狼 Arabian Wolf（*C.l.arabs*）、義大利狼 Italian Wolf（*C.l.italicus*）、伊比利狼 Iberian Wolf（*C.l.signatus*）、
印度狼 Indian Wolf（*C.l.pallipes*）、蝦夷狼（滅絕）Hokkaido Wolf（*C.l.hattai／rex*）、
裏海狼 Caspian Sea Wolf（*C.l.cubanensis*）、森林狼 Eastern Canadian Wolf（*C.l.lycaon*）、
藏狼 Tibetan Wolf（*C.l.filchneri*）、苔原狼 Tundra Wolf（*C.l.albus*）、
日本狼（滅絕）Japanese Wolf（*C.l.hodophilax／Canis hodophilax*）、
大平原狼 Southern Gray Wolf／Great Plains Wolf（*C.l.nubilus*）、北極狼 Arctic Wolf（*C.l.arctos*）、
墨西哥狼（再引入）Mexican Gray Wolf（*C.l.baileyi*）、蒙古狼 Mongolian Wolf（*C.l.chanco*）、
歐亞狼 Eurasian Wolf（*C.l.lupus*）、俄羅斯狼 Central Russian Wolf（*C.l.communis*）

※1　分布圖是參考「Wolves Behavior, Ecology, and Conservation/David Mech and Luigi Boitani」243.245p、「the ARCTIC WOLF Ten Years with the Pack/David Mech」19p、「The Wolf Almanac/Robert H.Busch」9.11p、「Another Look at Wolf Taxomony/Ronald M.Nowak」376～378p、「The IUCN Red List of Threatened Species」等資料製成的概略圖。
※2　只有日本狼與蝦夷狼這兩個亞種名為日本的正式和名，其他狼種則是以普遍中文名稱或是從英文意譯的本書獨有稱呼來表示。

灰狼的亞種到底有幾種呢

—

在灼熱之地有世界上最小的阿拉伯狼；在極寒之地有純白的北極狼。世界上有非常多灰狼亞種存在。因為適應了各式各樣的環境，棲息地廣闊的程度僅次於人類而已。

不過，儘管北極圈與沙漠這類極端的例子易於分辨，棲息在相似環境、型態及大小看起來也很類似的亞種數量繁多也是不爭的事實。亞種的數量至今尚無定論，光是記載於文獻上的就有37～68種左右。

這是一群已有許多亞種被逼到滅絕的狼們。儘管如此，到頭來人們卻爭著主張本地狼的特有性、竭盡所能地想增設冠有本國或地域名稱的亞種嗎？因為恐懼而迫害，卻又引以為傲。人們似乎對狼抱有一種矛盾的（又愛又恨的）心情。

也有某些研究者主張：在北美有6種、在歐亞有9種，加起來共15種的分法較為合適。

但那畢竟是北美研究者的學說，不禁讓人覺得北美好像有點多呢。（text by XK）

DATA

中名	灰狼／狼
英名	Gray Wolf
學名	*Canis lupus*
保育	IUCN紅色名錄—無危（LC）
體重	雄性20～86kg 雌性18～55kg※1
頭體長	82～160cm
肩高	68～97cm
尾長	32～56cm

※1　在北美、歐洲、前蘇聯地區，雄狼大多在45kg上下、雌狼在40kg上下。沙漠地區等偏南的地方則為其一半左右。

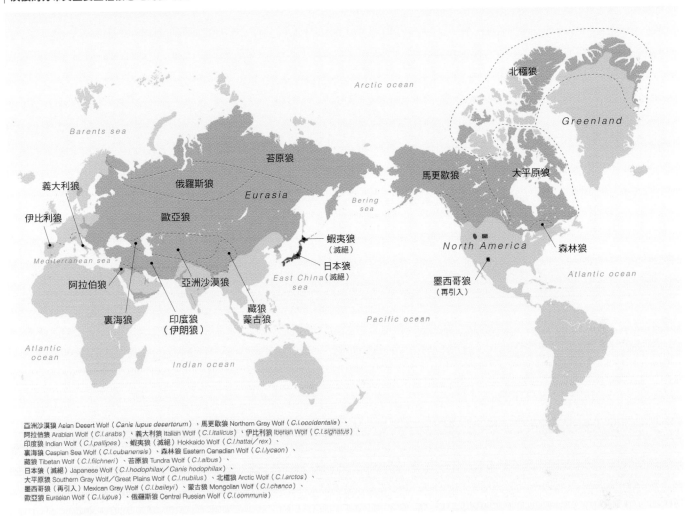

長達5個月的永夜結束後，島上終於重見太陽的光輝。凍結的海緩緩流動，尤里卡海峽的洋面上漂著有如巨大水晶般的冰山。海峽的寬度只有短短的十幾公里。遙望西邊遠方，可以看見對岸是阿克塞爾海伯格島相對而望。岸邊散布著小小的浮冰。一蹦、一跳，一隻白狼從這塊浮冰跳到那塊浮冰。是因為漫長的冬天終於結束而滿心歡喜呢，還是在尋覓什麼美味的魚而四處飛躍？沒有人知道狼心裡在想些什麼。這裡是距離北極點800km的埃爾斯米爾島。這座面積有北海道2倍以上的巨大島嶼，一年當中有10個月都被冰與雪封凍。在極寒之地堅忍不拔地生活的純白北極狼們。正因為是極寒之地才能存活的狼們。

Part 2 —— Arctic Wolf

北極狼

活在冰雪世界的北極圈白色亞種

北極狼（*Canis lupus arctos*）棲息在北美大陸與格陵蘭最北部的北極圈內，是分布於地球上高緯度地區的動物之一。牠們就跟同樣生活在極寒之地的北極狐一樣，全身被高密度的白毛包覆藉以維持體溫，並且具有耳、鼻等末端部位偏小的特徵。

由於很少跟人類接觸，北極狼是灰狼亞種當中唯一沒有遭到狩獵、驅除這類人類攻擊的狼種。也因為相同的緣由，能夠了解牠們生態的機會有限，不過到了1980年代，世界自然攝影師吉姆．布蘭登堡一行人待在距離北極點800km的加拿大埃爾斯米爾島，進行了長期且密切的觀察。

布蘭登堡等人所觀察的對象，是由一對配偶為中心再加上其子女共計13隻所組成的家族群體。狼群以視野絕佳處的岩山縫作為巢穴，自從春天生下小孩之後有2個月左右都是在那裡生活，其後便在廣大的領地上尋找獵物維生。

牠們的獵物是許多棲息在北極圈的哺乳類動物，像是麝牛或北極兔等等。要在食物稀少的極寒環境中求生，身體龐大的麝牛對狼群而言更是必要的獵物，為了從牛群當中捕獲小牛，牠們嘗試了無數次賭上性命的攻擊。困難重重的狩獵經過多次嘗試後終於有了回報，布蘭登堡等人見到狼群分食獵物的模樣並拍了下來。

除此之外，由於布蘭登堡等人長時間在該族群的附近生活，與狼建立了信賴關係，到了翌年春天甚至被獲准進入有小狼在內的巢穴。狼對人類而言是個威脅、是應當驅除的動物——事實證明這種印象不僅大錯特錯，我們還可以看出狼其實是一種相當寬容的動物。

攝影地｜埃爾斯米爾島〔加拿大、努納福特地區伊莉莎白女王群島〕　攝影者｜Jim Brandenburg〔42～57P〕

狼群首領帶領著一族，在廣達數千平方公里的偌大地盤上四處巡查。就連巢穴附近的海岸也要積極地巡邏。沿著海岸，以一定的速度持續走了好幾個小時。或許是在尋找被沖上岸的北極圈鮭魚也說不定，畢竟那可是世界上最好吃的食物。還是說，牠們是想偷襲躺臥在岸邊放鬆休息的海豹呢？過了一會兒，有隻狼注意到離岸數公尺左右的地方有塊浮冰，開始跳了起來。牠是名為巴斯特的狼群首領。看起來好像很開心似地，到處跳躍著移動。

對北極狼而言，沒有什麼比在海面結冰期間才會靠近的冰山更吸引人的了。因為能夠將我族的地盤盡收眼底，而且登高更是牠們最喜愛的活動。狼群首領巴斯特踩著小碎步奔向冰山半山腰上一塊凸出的平台，彷彿君臨王座般睥睨四方。在那雙夾雜著謹慎與好奇的眼睛傲視之下，好像連內心深處也會被牠看透。粗糙又規律的花紋妝點著形成王座的冰山。那是由太陽、風與冬天的細雪雕琢而成的藝術。此時，一道柔和的陽光照了進來，結冰的風景被燭光般的火色溫暖包覆著。映出了純白的狼，周圍的冰山則覆上了一層藍色影子。

凜冽的暴風雪呼嘯襲來
身處零下30℃的白狼

積雪的美麗群岳前方，是一片一望無際的荒涼褐色大地。從岩上放眼望去，是宛若大地盡頭的景觀。一隻成年北極狼百無聊賴。牠在去年出生，是隻尚未獨立、目前仍與家人一起生活的雄狼，叫做史庫菲。多岩地區是利用洞窟做成的巢穴。由於已經邁入春天，母狼為了產崽回到了岩區。雖然狼群一整年都在廣大的地盤上流浪，可一旦迎來要生子的2個月期間，族群便會返回岩穴附近好協助照顧母狼及分擔育兒工作。

成狼與小狼們正在巢穴的岩區旁漫步。並不是母狼在帶小孩散步。領在前頭的狼是去年出生的1歲兄長。史庫菲（邋裡邋遢的傢伙）這個丟臉的名字其來有自，因為牠都不整理儀容，身上的毛總是有點髒。由於笨手笨腳的關係，史庫菲在狼群裡是個吊車尾般的存在。正因為這樣，牠比誰都要努力照顧孩子們。像是教導小狼們族裡的規矩，用北極狐的碎皮讓牠們反覆練習狩獵技巧等等。是很重要的保母。

家人之間互相扶持，狼的育兒

在加拿大埃爾斯米爾島上對北極狼進行了長期觀察的自然攝影師吉姆・布蘭登堡，也針對這種狼的育兒行為留下了詳盡的記錄。

通常小狼在出生後沒多久要維持一定的體溫是很困難的，所以會有數週期間待在巢穴裡挨著母親生活。布蘭登堡等人所觀察的北極狼孩子們也是一樣，自出生後過了5週（推估）才走出巢穴。據說當時牠們離開巢穴是為了移往其他的巢穴，在母親等人的幫助下走下漫長的斜面，橫渡廣闊的冰原。已知北美的狼如果被人類發現巢穴的話就會帶著小孩舉家搬遷，所以布蘭登堡認為搞不好自己這群人的存在是促使牠們移動的原因也說不定。

不過在另一方面，狼有時候也會為了除去窩在巢穴裡的各種蟲子（主要是寄生蟲）而暫時性地遷移居所，如果是這種情況，牠們在數週之後就會返回原本的巢穴，所以推斷原因是出在寄生蟲身上。

無論原因為何，春天出生的小狼在差不多入冬之時就會變得英姿煥發了。連同該年計算在內，為期1〜3年左右都會與雙親一起生活，並且協助照料新生的小孩，在這之後才會獨立……這是所有狼都會歷經的成長過程。

因此，照顧族群小孩的工作是由全體成狼協助分擔。小狼們對雙親以外的成狼也會做出舔舐吻部、討著要食物的動作，成狼如果剛好有在吃些什麼就會吐出來分給孩子們。此外，在母親出外狩獵期間，其他的狼也會幫忙顧小孩。一般認為，年輕的狼是藉此累積經驗，為日後自己獨立養小孩時做好準備。

布蘭登堡等人所觀察的北極狼狼群也有出現相同的行為。

據布蘭登堡所言，由於棲息在低緯度地區的野生狼害怕人類等原因，要對其進行觀察非常困難。他自己在投身埃爾斯米爾島的觀察以前，就有長達20年以上的時間為探尋世界各地的狼而四處奔波，即便如此，成功拍攝到的照片也只有少少的7張而已。不過，至今為止從未與人類有過爭鬥的北極狼倒是接納了他們。

透過對北極狼的觀察，包括育兒的模樣在內，我們對狼原本的種種樣貌有了初步的了解。

鮮黃色的野罌粟（冰島罌粟）。狼群首領巴斯特正在聞香。這種在極寒之地綻放的花朵有著異於其他罌粟的淡淡芬芳。誤食的話雖然會中毒，但此花不具麻藥的性質。北極圈的開花現象既短又反覆無常。遇到溫暖的日子會一齊綻放。在僅有數週的短暫夏天，莖會長高十幾公分左右並開花。狼沒有錯過享受花香的機會。厚達300m的永凍土是個降雨量稀少的結凍沙漠。是一個連動植物的氣味都罕有的世界。對於擁有人類百倍以上敏銳嗅覺的狼而言，就算是微風也能作為探究世界細緻樣貌的線索。被那豐富感官所知的罌粟花，究竟散發著什麼樣的芳香呢？

上｜ 是在峽灣裡游完泳而感到十分舒暢嗎？面對緊黏在嘴邊、糾纏不休的小孩，巴斯特溫柔地回應。小狼在討食物或撒嬌的時候，會將耳朵向後貼並搖甩尾巴、舔拭成狼的嘴邊。狼群首領巴斯特的雙眼銳利，表情卻很豐富。體重45kg左右。四肢纖細且十分修長。雖然北極狼在灰狼亞種當中算是體型偏小，但牠們依然比大型犬種代表德國牧羊犬還要高。吻部的黑色部分（前頁的臉部特寫可以清楚看到）並不是毛脫落了，而是摻雜了泥土的麝牛血跡。每當食用大型獵物時，就會出現紅黑色的面具。

下｜ 成狼與小狼正在互相玩耍。不對，應該說是成狼在陪牠玩才對。狼與狼之間最喜歡舔舐、嗅聞、扭打、碰觸彼此。藉由互相碰觸來了解對方的心情。這些碰觸與肌膚之親（skin ship）的動作都是透過長毛來進行。就如照片所示，北極狼在灰狼亞種當中也是毛髮特別濃密且長的。若要在短暫的夏日保持涼爽、乾淨整潔，這些長毛就不是那麼必要了。也因此，狼的冬毛會脫落。會有許多落毛的毛球黏在身體上。當毛差不多掉光的時候，為已經到來的冬天而生的下毛又會開始長出來。同樣擁有一身純白色毛的北極狐，其夏毛會配合大地的顏色轉為褐色（第182頁），是用來保護自己的保護色。而北極狼的白毛則是跟北極熊一樣，到了夏天依舊雪白。對沒有天敵的牠們而言，大概不太需要保護色吧。

上｜小狼正在獨自嚎叫。雖然年紀尚輕，看起來還挺有模有樣的呢。和第16、17頁的成狼嚎叫比較看看，應該就能理解吧。只不過，小狼的聲音斷斷續續的，還沒有辦法發出音域寬廣的狼嚎。小狼們從一大早就在練習嚎叫。不只有小狼齊聲練習，成狼們也配合著孩子們的高音嚎叫聲開心合唱。在冷峭的幽暗中，狼嚎是一個與好幾公里之外的同伴互相聯繫的手段。同時也是表明地盤邊界的聲音之壁。是在對其他狼群發出「不准接近我族棲身的世界」的警告。

下｜北極的寒風在岩石表面削出抽象花紋。巢穴的正面宛如大自然雕刻而成的現代藝術。在巢穴周邊有5隻小狼正在放鬆休息。那副有點狼樣的臉孔還在逐漸轉白，所以應該是出生後7〜8週左右。如果是出生後3〜4週的話，耳朵、鼻子、四肢會顯得更加短小，還有一張小貓似的臉蛋。北極狼小孩的毛在剛出生的時候呈現帶褐的灰色，之後隨著季節推移產生變化。到了秋天會配合黃葉帶點橘色。不同於成狼，小狼有時候會成為各種野獸或大鳥的狩獵目標，所以才會需要保護色來偽裝自己吧。要開始轉為成狼的毛色時，最先出現變化的部位是臉部中心，彷彿戴上一張巨大的白色面具。

在照片的近前方，狼群首領巴斯特及其伴侶米多芭格等成員在追趕獵物。麝牛們併排著倉皇奔逃。在對面等待牠們的是狼群成員之一雌狼麻姆。話雖如此，狩獵不會這麼簡單就成功。要花上好幾天的時間，每天調查麝牛群。藉由佯攻，找出小牛或是老弱傷殘的成牛。要是攻擊之後發現太棘手，就趕緊尋找下一個牛群。成年麝牛的體型是北極狼的5倍以上，要打倒牠們絕非易事。甚至有可能反過來被牛角刺穿而死。狩獵的每一天都是在搏命。

上｜ 家族狩獵

距離孩子們所處的岩石巢穴略少於60km處。牠們來到了廣大地盤的外圍。不管對象是只有成牛的10隻牛群還是3隻牛群，麝牛狩獵行動都以失敗告終。已經沒有退路了。一隻狼爬上坡道，一邊嗅聞風中的味道。終於發現了一個有3隻小牛的牛群。首領的雌性伴侶米多芭格當開路先鋒，像貓一樣壓低身體、躡手躡腳地步步逼近。引開了一隻小牛。在襲擊第二隻小牛的側腹後，母牛突然從組好圓陣的麝牛群中跳了出來，激烈地揮舞著牛角。第二隻小牛趁狼退卻之際回到了圓陣裡頭。狼群見狀便當機立斷，改追最一開始從麝牛群中引出的小牛。

下｜ 家族共享獵物

一隻狼咬小牛的側腹，另一隻狼咬鼻子。接著開始食用變成屍體的小牛。一隻狼平均分到10kg左右，花了2個小時。餐後在附近的水池喝喝水、洗洗身體，在草原上翻滾來擦乾身體。稍事休息過後，便匆匆踏上歸途。因為家裡還有餓著肚子的孩子們在等著。成狼在距離巢穴數公里遠的地方發出狼嚎，向孩子們傳達狩獵成功的喜訊。小狼們激動地搖甩尾巴出外迎接。成狼們得意地四處走動，吐出肉來餵給孩子們吃。

北極狼沒有阿爾法狼*

「狼的個體之間存在階級差異，牠們會組成規模龐大的群體，由最優秀的雄狼『阿爾法』帶領大家共同生活。」最先提出這個概念的人是狼研究第一把交椅——美國的大衛・梅奇（David Mech）。多年以來，眾人普遍對此深信不疑，認為狼群的結構正如他所言。

但是之後梅奇推翻了自己先前的理論，開始覺得實際上並不存在什麼阿爾法雄狼才對。讓他產生這個結論的，是在埃爾斯米爾島上長達13年對北極狼的觀察。據梅奇所言，狼跟人類一樣是以家族為單位生活的動物，構成狼群的成員基本上只有雙親及其子女而已。也就是說，是以一對雌雄配偶為中心，再加上配偶該年所生的子女、以及由同一對配偶在數年以內生下並已長大成熟的孩子們而已。

那麼究竟為何梅奇一開始會認為阿爾法雄狼是存在的，而且多年以來人們普遍對此深信不疑呢？據說這是因為過往以北極狼以外的對象所進行的與狼社會結構相關的研究，幾乎都是從活在人類飼育之下的狼身上觀察到的結果。

飼育之下的狼所組成的狼群，通常都不是由有血緣關係的家族自然形成的群體。是原本毫無關係的個體因為人類的干預聚在一起所形成的團體。在這種狀況下，狼也只有與其他成員和平共處一途，衍生出的結果就是只有一對阿爾法配偶可以繁殖並統治整個群體的社會結構。

也有研究者認為小狼之間存在著階級制度，關於這一點，梅奇似乎也尚未得出結論，不過那也不過是家人之間的閒談罷了。過去人們認為狼群是以阿爾法為中心的認知錯了，如今專家們的見解大致有了共識。

除此之外，關於所謂「孤獨一匹狼」這樣的存在，人們的見解也有了變化。過去認為有的狼不隸屬任何群體、形單影隻地獨自過活，後來才逐漸了解到，牠們基本上只不過是離開父母、正處於尋找伴侶過程中的年輕個體罷了。

不只是狼群的結構，人類似乎自古以來就對狼有著很大的誤解。與人類社會相隔甚遠、棲息在真正野生世界中的北極狼生活，能否盡可能地維持現有的狀態延續下去呢？這個問題的答案就寄託在我們的手中。

*譯註：早期人們以「阿爾法」、「貝塔」、「歐米茄」等來定義狼的地位。阿爾法位階最高，通常是領導狼群、下決策的狼；貝塔擔任副手；歐米茄則是地位最低的一群。

蹄部發達的麝牛不管遇到什麼樣的多岩地區、岩壁，都有辦法輕鬆登上。保護柔軟下毛的剛毛長達1m。不管氣溫下探到多低都不要緊。即使被北極狼逼到山丘上，也不見麝牛因此畏懼。就算只有2隻，成對的麝牛也要組成禦敵的圓陣。這是自太古以來，在沒有樹木的環境下養成的戰術。牛群聚集之後全員會排成360度放射狀，緊貼著彼此的側腹，牛角及前腳的蹄朝向外側。小牛們待在圓陣裡面十分安全。所以說，能否趕在小牛藏身圓陣之前率先捕捉到手，就是狼群狩獵行動的成敗關鍵。

澳洲野犬佇立在巨大的岩石前。多岩地區也是牠們的藏身之處。這裡是有無數奇岩異石林立的魔鬼大理石，是澳洲原住民的聖地。丁格（Dingo）這個稱呼據說是源自於當地的達魯克語（Dharuk），在被歐洲人殖民以前，澳洲野犬過著與澳洲原住民休戚與共的生活。不過，如今因為澳洲原住民文化的崩解、與野犬雜交，導致過往存在於澳洲野犬與澳洲原住民之間的複雜關係幾乎消失殆盡了。

攝影地｜澳洲（北領地魔鬼大理石保護區）

攝影者｜Jurgen Freund

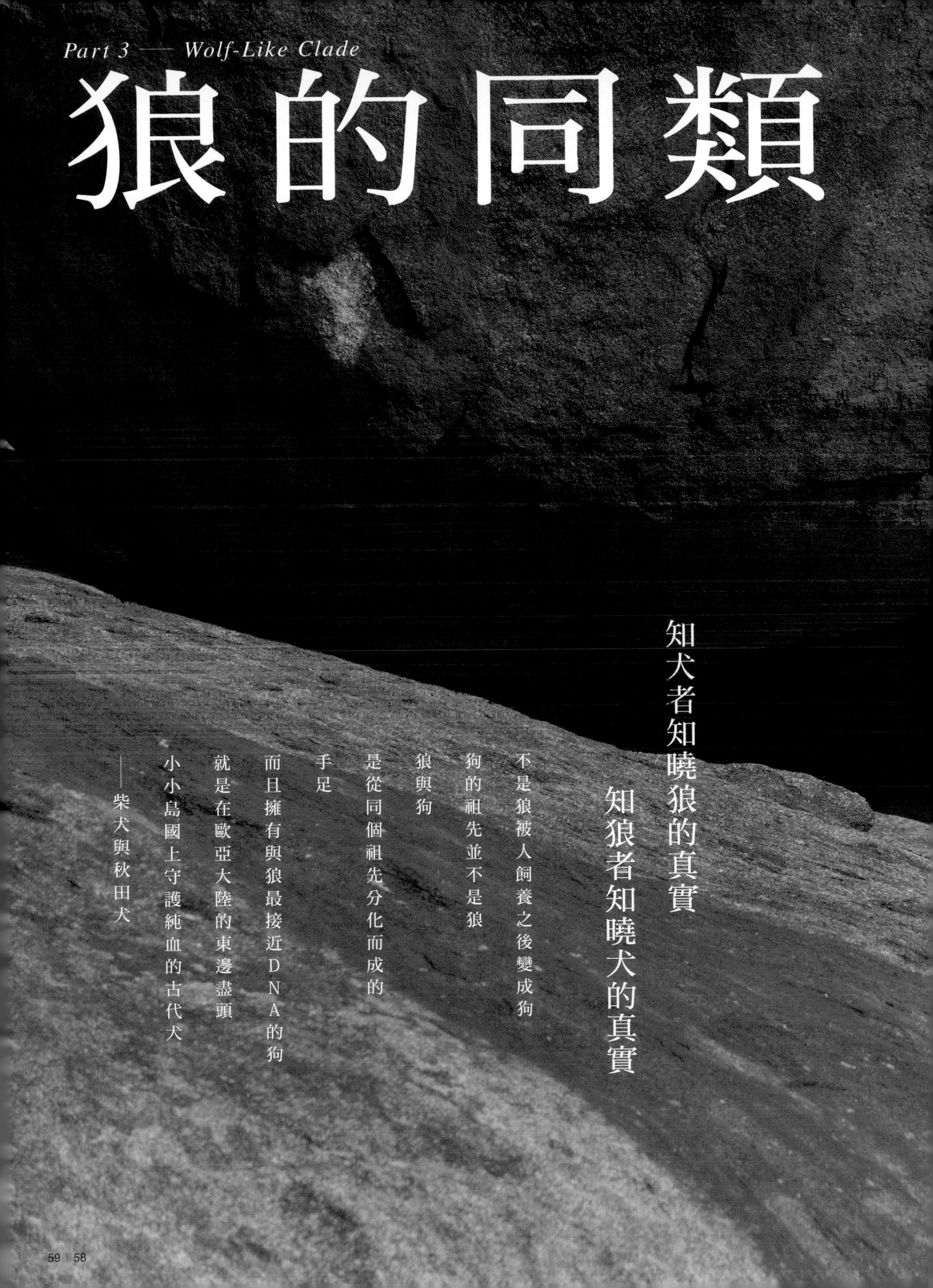

Part 3 —— Wolf-Like Clade

狼的同類

知犬者知曉狼的真實
知狼者知曉犬的真實

不是狼被人飼養之後變成狗
狗的祖先並不是狼
狼與狗
是從同個祖先分化而成的
手足
而且擁有與狼最接近DNA的狗
就是在歐亞大陸的東邊盡頭
小小島國上守護純血的古代犬
——柴犬與秋田犬

三角形的立耳為其特徵，寬闊的楔形頭部在身體上的比例偏大。犬齒也比狗還要細長。體毛顏色豐富，從沙色到深紅褐色都有，雖然無規則可循，但胸部、腳尖、尾尖呈現白色。外觀看起來像中型犬，但是社會結構與群居的狼較為相近。有2成是單獨行動的個體如年輕雄性等，成對生活的也很多。另外8成則會組成2隻至最多13隻左右的群體。就如照片所示，雖然澳洲野犬之間會出現宣示地位的問候行為，不過似乎不是像狼群那樣（中規中矩）的儀式。據說在移動、進食等場合，握有繁殖權的雄犬即便擔任首領也不會像狼那樣彼此具有攻擊性，而且居於上位的繁殖配偶也不會阻撓族群成員的交配。

攝影地｜オーストラリア（北部準州）
攝影者｜Winfried Wisniewski

澳洲野犬

澳洲野犬究竟是野犬還是家犬呢？

在與其他大陸分隔已久的澳洲大陸上，存在著許多特有種動物。其中之一就是澳洲野犬。

關於澳洲野犬的起源眾說紛紜，至今仍無法得知其確切的由來。是在約２萬年前澳洲原住民（Aborigine）從亞洲橫渡過來時，把澳洲野犬當作家畜一起帶進澳洲的嗎？還是４０００～５０００年前左右，來自東南亞的航海家們當作糧食帶進來的呢？如果要二擇一的話，從大約３５００年前的壁畫中首次出現形似澳洲野犬的動物等證據來看，大多認為後者的可信度是比較高的。也有人進一步推論，大概是被帶進來之後野化造成個體數因此增加。與澳洲野犬相關的研究非常寶貴，因為除了動物本身的資料以外，還能藉此了解人類的歷史、人與動物的關係。

不過，在２０１１年有一個令人意外的研究結果公布了。相關資料顯示，澳洲野犬其實源自於中國南部，牠們慢慢移動經過了東南亞、印尼，最後在４６００年前～１８３００年前的某個時期來到了澳洲大陸。這是調查了亞洲各地９００組以上狗的粒線體ＤＮＡ之後所導出的結果。

話雖如此，關於澳洲野犬的起源還是沒有一個最終定論。在分類上也是一樣，有的學說主張牠們是灰狼的亞種之一，也有學說主張是獨立的物種才對，因為見解分歧而出現了複數個學名。

就現狀而言，澳洲野犬只棲息在澳洲（類似的狗在東南亞各地可以見到）。族群的架構與行為都跟灰狼十分相似，也能夠與灰狼亞種家犬進行雜交。如今，兩者的後代漸增，可稱之為純正澳洲野犬的動物卻越來越少，也是一大問題。

由於澳洲野犬是其他大陸所沒有的動物，再加上澳洲當地的純種正持續減少當中，使牠們成了保育的對象。另一方面，又因為襲擊家畜等緣故，也有人認為牠們是應當驅除的害獸才對。過去在驅除時人們奉行「體毛為黃的是純種個體，所以不驅除；除此之外的顏色的個體則不在保育對象範圍內，驅除也沒關係」的原則，可是到了２０１４年，卻證實了其實純種並非一定是黃色。所以之後要保護純種澳洲野犬的話，勢必得改變作法才行。由此可見，就算是人們至今以來堅信不移的學說，也無法排除日後被修正的可能性。

右｜有血緣關係的家人才會一起生活

處於警戒狀態的澳洲野犬群。澳洲野犬過往的棲息地曾遍及整個澳洲，不過自從保護家畜用的野犬柵欄設好以後，牠們的活動範圍就被侷限在農業不興盛的乾燥地區了。結果助長了與家犬的交配行為，在某些地區甚至有半數以上都是雜交種，也無法推估純種的棲息數。在食性方面，由於牠們什麼都能吃，所以會因地區而有所差異。袋鼠這類大型有袋類動物就仰賴成群狩獵，占了食物當中的2成。除此之外包括兔子、老鼠等齧齒類這類的哺乳類動物，則占了食物的7成以上。鳥略少於2成，爬蟲類、魚、螃蟹、青蛙、昆蟲、果實到屍體牠們都吃。

攝影地｜澳洲
攝影者｜Jurgen and Christine Sohns

左｜育兒工作由族群全員共同分擔

在樹洞裡育兒的澳洲野犬。相對於家犬一年生育2～3次，澳洲野犬一年僅生1次。秋至初冬是發情期，懷孕期為63天。會產下1～10隻幼崽，通常是5隻左右。差不多2個月大就會斷奶，之後跟隨雙親生活1年左右。據說有時也會出現與雙親等自家人組成群體，2～3年左右一起狩獵一起生活的情況。孩子由族群所有成員負責照顧。雖然澳洲野犬是受到一定程度保育的動物，但是從保護農家牲畜、控制狂犬病等觀點來看的話，倒也成了一種在驅除對象名單上的害獸。然而，澳洲野犬並不是這數千年來人擇之下的產物。牠們的存在有助於解析家犬起源與人類的移動歷史，是重要的線索之一。

攝影地｜澳洲　攝影者｜Roland Seitre

澳洲野犬的分布

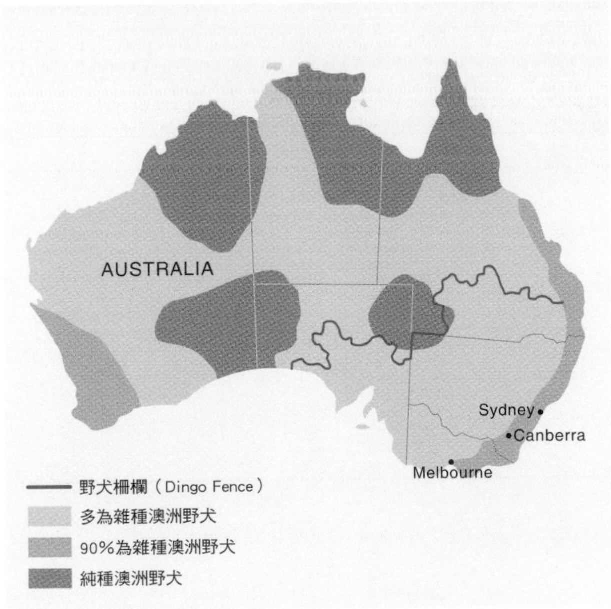

DATA

中名	澳洲野犬（丁格犬）
英名	Dingo
學名	*Canis lupus dingo* ／ *Canis dingo*
保育	IUCN紅色名錄—非評估對象
體重	9～21.5kg
頭體長	72～100cm
肩高	55cm
尾長	21～36cm

新幾內亞唱犬

外形與澳洲的澳洲野犬相像的中型犬，有一對圓潤的立耳。出生時帶著一身深巧克力棕色，但在6週大的時候就會轉為亮褐色。吻部也是逐年越變越白。顎部下方、胸部、四肢、尾巴有白色花紋。體色有多種類型，如白色系、褐色系、黃褐色（black-and-tan）、黑色漸層等等。雖然沒有經過正式調查，但有說法指出人為飼育下再加上野生的總數不到500隻。

攝影地｜巴布亞新幾內亞
攝影者｜ Daniel Heuclin

眼睛顏色介於深琥珀色至深褐色之間，不過在陰暗的場所被光線照到眼睛時，會發出亮綠色的光輝。有一條下垂的濃密尾巴。野生唱犬會吃小袋鼠等小型有袋類、鼠類、袋貂、鶴鴕、其他鳥類以及果實。繁殖期為8月至12月。懷孕期58～64天，平均為63天，會產下1～6隻幼崽。有紀錄顯示牠們生性「害羞到了極點」。過去曾有8隻新幾內亞唱犬被捕獲，據說其後代子孫尚存，但大多已年屆高齡。

攝影地｜巴布亞新幾內亞　攝影者｜Jurgen and Christine Sohns

在熱帶地區高歌的原始犬種的真面目是？

僅棲息於南太平洋新幾內亞島高地上的新幾內亞唱犬，據說是澳洲的澳洲野犬的近緣種。雖然至今仍無法了解兩者確切的起源，不過基因研究的結果顯示，這兩個物種的基因與其他犬科動物的關係相去甚遠，卻也互有一些相似之處。除此之外，新幾內亞唱犬是現存最古老的犬科動物之一，也有可能是家犬的祖先。

由於20世紀末已有好幾十年未曾有過目擊情報，讓人一度認為野生種已經滅絕，卻又在２０１２年被登島的旅行團在深山裡發現疑似唱犬的動物，並成功拍下了照片。話雖如此，一般認為新幾內亞唱犬的毛色通常是紅褐色、或是黑底帶褐色斑點，但是照片中的動物其毛色明顯不在該認定範疇內，因此也有專家持否定意見。但是到了２０１６年，由印尼與美國動物學家組成的研究團隊所設置的自動攝影機，也捕捉到了至少15隻唱犬的身影。可以確定野生種尚未滅絕。

正如這種狗名字裡有個「唱」字，已知牠們會使用唱歌般的聲音嚎叫。嚎叫的長度最多可以到5秒左右，特徵是剛開始音高會急速飆升，接著一路保持該音高直到最後。據說若是數隻唱犬一起嚎叫的時候，則是全員持續30秒至數分鐘，聽起來就像合唱團一樣呢。不僅與灰狼及郊狼等的狼嚎有著巨大差異，也能清楚分辨與澳洲野犬的不同。

相對於野生種恐有滅絕的危機，據說目前在各國動物園及私宅裡共有３００隻左右的唱犬處於被人飼育的狀態。研究人員進入深山尋找也一面難求的動物竟然被當作寵物養在私宅裡，乍聽之下是一件不可思議的事情，不過想到牠們可能是５０００年前以上原本與人類朝夕相處的家畜狗野化之後的產物，反而會讓人覺得那或許可以說是再自然不過的景象了。

DATA

中名	新幾內亞唱犬
英名	New Guinea Singing Dog
學名	*Canis lupus hallstromi*／*Canis hallstromi*／*Canis lupus dingo*
體重	9～14kg
頭體長	65cm
肩高	31～46cm
尾長	24.5cm

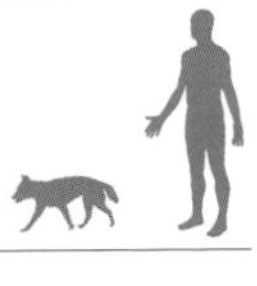

柴犬

日本犬中最古老的犬種，從西元前繩文時代的遺跡中就有出土祖先的骨頭。嘴唇緊實、相貌端正，身形雖小卻有一副健壯的身體，有一對直立耳，豐滿硬朗的尾巴朝上捲起，展現出曾經是獵犬的堅毅形象。額頭較寬，臉頰相當發達，看起來既聰明又可愛。短毛的上毛又硬又直，下毛則柔軟濃密。毛色多為紅毛，以淡褐色為基本，有紅褐色至深橙色的各種變化。雖然數量較少，但也有黑底搭配淡褐色眉毛的黑毛柴犬、紅中帶黑的芝麻色柴犬、全身雪白的白毛柴犬等等。

攝影者 | G. Stickler

在基因上與狼最相近的狗是柴犬！

柴犬是日本既有的小型犬種，自古以來在本州各地被人們飼養。牠們也是進行小型動物狩獵時的得力助手，過去還會依照產地冠以美濃柴犬、信州柴犬、山陰柴犬、秋田柴犬這四個系統名稱。戰後曾因為飢荒、疾病等原因導致其數量驟減，但是之後隨著品種雜交、保存振興運動的推展，最終演變成了現今的柴犬。日本現在飼育的日本犬種有北海道犬、秋田犬、甲斐犬、紀州犬、柴犬、四國犬、琉球犬這七種，不過柴犬就占了家犬整體比例的8成，可見人氣有多高。

再加上近年來，已知不光是日本，柴犬對於整個世界而言也是十分重要的存在。我們嘴上說狗的祖先是狼，為了探究真實的起源長年下來進行了諸多研究，其中瑞典皇家理工學院的薩沃萊寧（Savolainen）等人於２００２年發表的資料顯示，其實柴犬很有可能才是握有最古老起源的狗。將歐亞大陸的38隻狼以及歐洲、亞洲、非洲、北美的６５４隻狗身上採集而來的粒線體ＤＮＡ比較過後發現，狗是源自於東亞，而且裡面擁有與狼特別相近之ＤＮＡ的其中一個犬種即為柴犬。

由於粒線體ＤＮＡ只會經由母親傳給小孩，所以能夠往回追溯母系祖先，但是父系的部分就無從得知了。也因此，薩沃萊寧等人也有針對Ｙ染色體（通常只存在於雄性個體）的基因進行犬種之間的比較，最後得到了佐證粒線體ＤＮＡ調查的結果。

此外，利用較新時代開發出的、適用於犬種之間做比較的微衛星序列（分布於基因體上的重複序列）進行的解析（華盛頓大學的帕卡（Parker）等人，２００４年）中，也揭示了和歐美犬種相比，包含日本犬在內的東亞犬種跟身為狗祖先的動物關係較近。

柴犬大膽、獨立性強，既忠實又勇敢。據說這樣的性格也是從原始狗那遺留下來的特徵。

DATA

中名	柴犬
英名	Shiba Inu／Shiba／Japanese Shiba Inu
學名	*Canis lupus familiaris*
原產國	日本
起源	古代
指定	日本的天然紀念物（1936年）
體重	8～10kg
肩高	35.5～41.5cm

柴犬的名字是日本民間故事桃太郎中「老爺爺上山砍柴……」的「柴」，也就是源自於當柴薪用的小樹枝。雖然柴犬在日本是最受歡迎的日本犬，但是在歐美、澳洲等地的人氣也不遑多讓。圓滾滾的三角眼，再加上胖得恰到好處、不會太長的吻部。胸部厚實，胸骨挺得好看。坐下的時候前腳筆直，肘部完美貼合身軀，發達無比的後腳支撐著強健優美的臀部。各地區的柴犬在基因上有些差異，繼承了各自獨特的風貌。大致有兩種，具有圓臉、狼臉等特徵。

攝影者｜aflo

表示狗起源的DNA解析範例（85個犬種的結構解析）

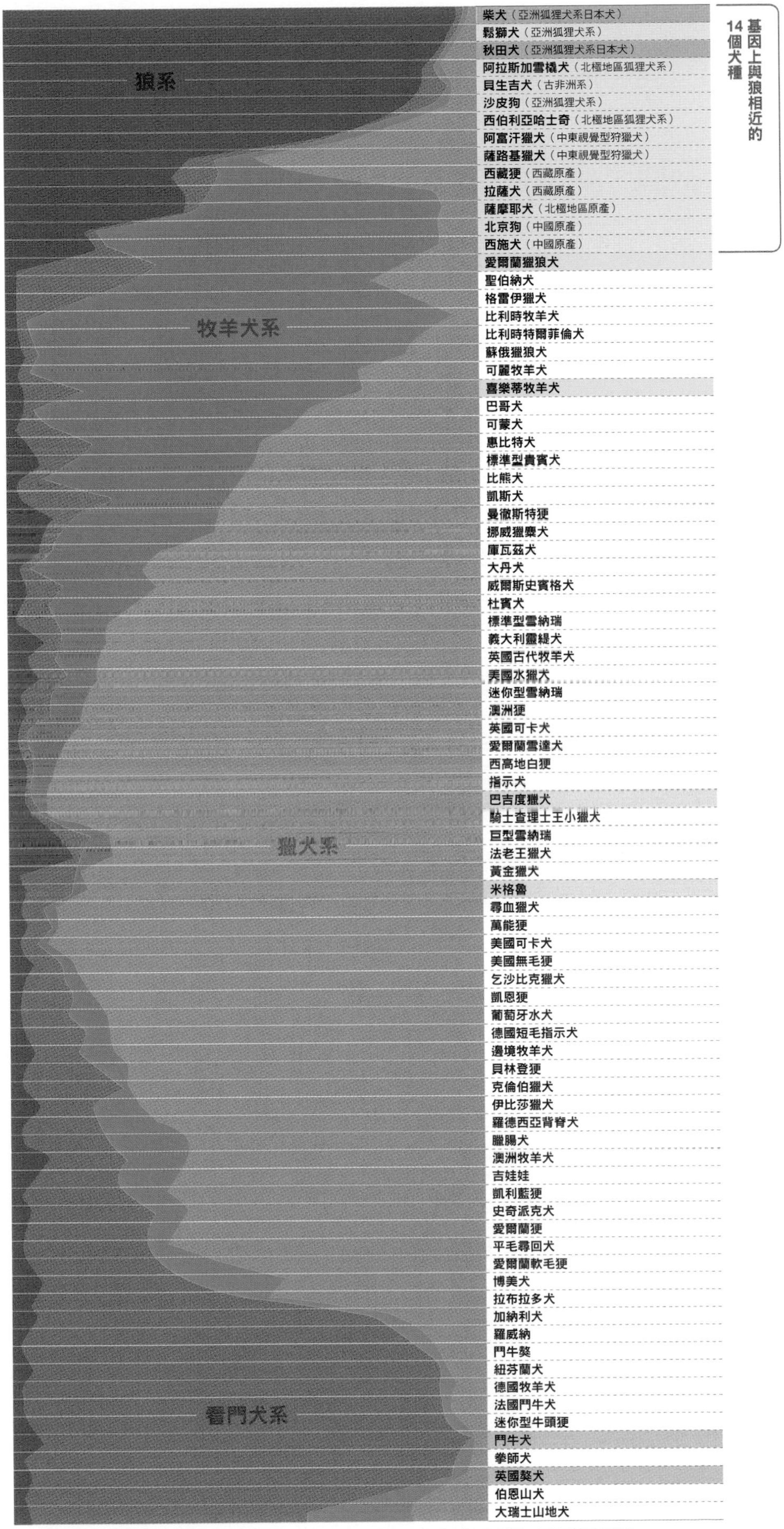

※線段的長度代表該犬種擁有多少按色區分的類組DNA。狼以外的類組名稱僅用於表示代表性犬種的特徵，而非整個類組的特徵。
出處：Heidi G. Parker et al., Science 304:1160

狼系

在85個犬種當中，左圖上起的14個犬種擁有與狼相近的DNA。尤其是前4個犬種最接近狼。日本犬有柴犬居冠，再加上秋田犬就占去了半數。在最初的DNA解析中，只有歸納出前9個在基因上與狼相近的犬種，接著再從其餘的眾多犬種著手進行分類。原始古代犬亞洲狐狸犬系4種、古非洲系1種、北極地區的狐狸犬系2種、中東的視覺型狩獵犬2種。所謂的狐狸犬並不是日本的犬種，而是「立耳尖臉狗」的意思。產自歐美的多數犬種是統整在一起進行檢驗，並未加以分類。也因此，根據精確度更高的結構解析結果，又再加了東亞產4種與北極地區產1種共計5個犬種至狼系當中。由此便可得知，以日本為首的東亞犬種與狼有多麼相近。同時也檢驗出牧羊犬系等三個類組。根據這些DNA解析結果，人們開始主張狗並不是在各地區獨自誕生，而是過去的共同祖先往各地分散而去，以及這群狗的起源地就在東亞。

牧羊犬系

喜樂蒂牧羊犬等牧羊犬是由可能是牧羊犬祖先或後代的聖伯納犬、蘇俄獵狼犬等組成。

獵犬系

在過去200年左右的期間作為獵犬培育而成的犬種。一般推測法老王獵犬等並不是古代犬，而是利用其基因仿造古埃及的狗培育而成。

看門犬系

英國獒犬、拳師犬、鬥牛犬等獒犬系（工作犬）、羅威納等巨大體型源自於獒犬系的大型犬。雖然德國牧羊犬的基因背景至今不明，但一般認為是以培育成警犬或軍犬為目的改良而成。

秋田犬

上｜ 原產地在秋田縣的大館及鹿角地區。是日本犬中體型最大的狗。結實的身體搭配一對立耳，強而有力的外貌。沉著冷靜、儀表堂堂。好似不會流露真情，散發著一種其他狗所沒有的超凡脫俗氛圍。頭部又大又寬，呈現和緩的三角形。粗大的尾巴高高揚起，在背上捲成一團。小小的暗褐色眼睛深陷在臉上。厚實的耳朵呈現小三角形，且與後頸的線條同個角度、稍微前傾，並非直立。吻部的基部偏肥、端部不尖，上頭有個大大的黑鼻子。吻部與額頭之間微凹（stop）。

攝影者｜Manuel Dobrincu

下｜ 上毛是由堅硬的直毛構成，彷彿立在身上；下毛柔軟，生長茂密呈羊毛狀。毛色若為白、黑、紅、芝麻、虎、斑這六色，則符合「秋田犬標準」的認定。除了白色以外都被視為裏白（身體下方是白色，或一部分是白色）。虎色是似水墨畫的黑毛像虎斑那樣長在身上。芝麻則是底色上面有黑色的差毛。所謂差毛，是指零星散布於上毛中的稍淡色毛。上方照片中為紅色、下方則是接近虎色的類型。秋田犬在國外也大有人氣，從飼育數來看也是海外壓倒性地多於日本國內。

攝影者｜Thorsten Henning

因為戰爭導致許多秋田犬消失的時候，有三種類型殘存了下來。又鬼犬類型（一關系）、經由雜交產生的鬥犬類型（出羽系）、與德國牧羊犬雜交誕生的牧羊秋田犬。其中，出羽系在美國與牧羊犬等雜交之後，又誕生出另一個犬種名為美國秋田犬（在美國是視為同個犬種）。照片中是跟人氣醜怪狗「わさお」一樣的長毛種。該品種在東北地區有「もぐ」等稱呼，適用於「秋田犬標準」審查基準中的「先天具有顯著的短毛及長毛」，在日本的秋田犬展覽會（狗展）等活動中會成為判定失格的依據之一。也因此，過去曾是被淘汰的對象。牠們是戰前樺太犬與秋田犬雜交而成的犬種，身上會出現樺太犬系的返祖現象。據說秋田犬會長出1成左右的長毛。

攝影者｜Zoonar GmbH

另一種最接近狼的古代犬

在七種日本犬種當中，唯一被歸類於大型犬的就是這個秋田犬了。秋田縣原本存在一種「又鬼犬」，人們將其用於狩獵熊、野豬等大型動物，秋田犬就是承襲自此。

雖然早在1931年就正式冠上了「秋田」之名，不過是1930年代「忠犬八公」的故事[*1]廣為流傳之後，才使得該犬種「秋田」在一夕之間聲名遠播。

話說回來，就如同第68頁所述——基因研究結果揭示了日本犬可能是握有最古老起源的狗，人們還發現秋田犬也擁有與狼特別相近的DNA。

2010年加利福尼亞大學的馮・霍爾特（von Holdt）等人以單核苷酸多型性（SNPs）[*2]的資訊為基礎，針對85個犬種912隻狗與11個地區225隻狼的48，000組SNPs進行解析後，判定有6個犬種在基因上與狼相近，其中之一即為秋田犬。繼2004年利用微衛星序列所進行的解析之後，秋田犬與狼的相近程度又進一步得到了印證（2010年的研究中未將柴犬列入考察範圍）。

這樣的話，若再追溯至更早以前的過去，秋田犬及柴犬是否會跟日本狼有一些淵源呢？答案是否定的。日本狼與日本犬的基因並無關聯。日本犬並不是狼被馴化之後的結果，而是以狗的身分來到了日本列島，這樣思考似乎較為妥當。說到底，狼被馴化之後變成狗的這個多年來的普遍說法本就不斷遭到否定。

狗在開始與人共生的好幾萬年以前，就踏上了不同於狼的演化之路。如今的基因解碼結果也透漏了，似乎是因為擁有接納他人這個與狼相異的性格，才讓牠們走上了與人類一起生活的道路。

＊1——每天在澀谷車站等待飼主下班歸來的狗兒八公，在飼主過世之後依舊每天持續等待的真實故事。
＊2——SNPs：像是基因序列中的1個鹽基換成了別的鹽基等等，個體之間遺傳資訊的微小差異。

DATA

中名	秋田犬
英名	Akita／Japanese Akita
學名	*Canis lupus familiaris*
原產國	日本
指定	日本的天然紀念物（1931年）
體重	約32～47.5kg
體高	雄性66.7cm、雌性60.6cm（±3cm以內符合秋田犬標準）
體高體長比	100：110（秋田犬標準）

郊狼

雖然尖銳的吻部與狐狸有點相似，但是郊狼不論在體型上還是分類上，都是犬科當中最接近灰狼的動物。話雖如此，相差最大的其中一個部位是那對巨大的耳朵。內側覆滿柔軟的白毛，外側則是帶暗褐色的黃色。雖然郊狼有敏銳的視覺、靈敏的嗅覺，一雙大耳卻中看不中用，牠們的聽力在犬科當中並沒有特別突出。這張照片是在積雪未退的2月所拍的野生肖像。據說郊狼曾經在黃石國家公園的生態系頂點獨據一方，後來因為狼的再引入計畫導致其數量減少當中。

攝影地｜美國（懷俄明州黃石國家公園）
攝影者｜ Danny Green

宛如西部片般，獨自一人佇立於荒野中的郊狼。簡直就是英文別名「Prairie Wolf（大草原之狼）」的真實寫照。孤獨的郊狼漂泊的地方名為Death Valley，也就是死亡谷。積著深雪、超過3,000m的望遠鏡峰（Telescope Peak）巍巍矗立於遠方。死亡谷國家公園是美國氣溫最高、最乾燥的地方，夏季氣溫高達50度。也幾乎不會降水，是一片沙漠般的灼熱之地。正因為郊狼連這種嚴苛的環境也能夠適應，才得以大幅擴展牠們的棲息地。

攝影地｜美國（加利福尼亞州死亡谷國家公園）
攝影者｜Florisvan Breugel

郊狼被稱為
大草原之狼

只是體型小了些，外觀依舊神似灰狼

白雪紛落的雪原上，郊狼收起尾巴，迅速踏出了右前腳。見牠蹙蹙著臉，是否正凝視著何方？與狼相比，郊狼整體較為纖細。臉及吻部都銳利鮮明，擬作狐狸稍嫌不足，喻之為狼就還說得過去。針對其樣貌所做的詳細研究顯示，郊狼與狼的外形幾乎是一模一樣。據說倘若狼的身形縮小，就會變得跟郊狼極為相似。郊狼的另一個別名Little Wolf（北美小狼）取得恰如其分。

攝影地｜美國（懷俄明州黃石國家公園）
攝影者｜Ben Cranke

多話的郊狼

狼的嚎叫悠長而深遠。在郊狼的嚎叫聲中，也可以聽到尖銳又刺耳的聲音。雖然主要用於告知同伴自己的所在位置、宣示領土等，不過有時也會在日暮或破曉時分與同伴齊聲合唱。與充滿哀戚之情的狼嚎相去甚遠，那聲音有時甚至像極了臨終之際的痛苦吶喊。由於這樣的合唱有時會持續將近2分鐘，讓人不禁覺得美國的荒野想必瀰漫著恐怖的氣氛，不過據說原住民可是視郊狼為荒野的賢者並將這個詞彙代代相傳下去。或許有什麼只有原住民才聽得見的郊狼之歌吧。照片中是一對母子的合唱，小狼的嚎叫聲又細又溫柔。以狼為首的各種野犬如果沒有什麼特別的理由，是不會隨便嚎叫的。而郊狼不只頻繁嚎叫，還像家犬一樣經常吠叫，可說是最愛喧譁的野犬，但或許也可以反過來說牠們是一種聲音溝通能力異常發達的野犬。

攝影地｜美國　　攝影者｜Roland Seitre

跳躍！只以小型獵物為目標

和胡狼一樣以身為自然界「清道夫」聞名的犬科動物當中，住在北美與中美的種類為郊狼。

郊狼主要以兔子及老鼠等為食，除此之外也會吃牛或綿羊的屍體、昆蟲、鳥、蛇、蜥蜴、果實、雜草、人類的垃圾等等，只要是好取得又容易食用的東西，牠們什麼都吃。

也因為這樣，牠們能夠適應各種環境，不過若說到郊狼格外喜愛的棲息地，再也沒有比草原、樹木零星分布的廣闊土地更好的選擇了。郊狼屬於夜行性動物，白天基本上都在巢穴中度過，日落之後行動力才開始變得活躍起來，出外進行狩獵等活動。

由於體長（頭體長）不大，所以就像前面提過的，牠們專挑小型獵物下手，而且手段十分巧妙。

舉例來說，郊狼會裝死。面對像烏鴉這種以動物屍體為食的鳥類，郊狼會假裝自己是屍體來誘使對方靠近，等到獵物十分接近的時候，再一躍而起咬住對方捕捉到手。除此之外，一般面對小型獵物會採取的作法是從數公尺遠的地方躡足靠近，不過要是情勢所需，據說牠們有時候也會從距離50 m處就開始潛行，進行長達15分鐘的無聲突襲行動。

另一方面，在面對鹿等大型獵物時，也可以由數隻郊狼輪番上陣，用接力的模式展開追捕行動。以時速60 km以上的狀態追擊，如果累了就換下一隻郊狼接棒。如果那隻郊狼累了，就再換下一隻上場，大概是這樣的情況。再者，牠們在分食合力捕獲的大型獵物時也懂得分工合作，若以6隻的族群為例，當其中3隻在進食，另外3隻就會幫忙把風以免獵物遭到搶奪。可謂相當聰明。

郊狼的英文名字「coyote」源自於當地阿茲特克族的詞彙「coyotl」，意即「吠叫的狗」，由此也可以看出牠們的嚎叫有多麼出名。狼嚎是重要的溝通手段，有助於同伴之間了解彼此的所在位置等等。

以狼為首的眾多野生犬科動物，如今面臨被人類捕獲、失去棲息地等問題而不斷減少，郊狼卻在其他動物銳減之際異軍突起，數量反而增加了。不僅如此，還往來於人類生活的環境、持續擴大活動範圍，現在在大都市周邊已經能見到牠們的身影了。這似乎是因為牠們具有能吃垃圾維生的頑強生命力以及小心謹慎的天性。就算碰上人類裝設的陷阱，郊狼也不會輕易上鉤。

犬科動物不會像貓一樣出拳攻擊。貓科動物及熊能夠利用前腳強大的瞬發力與柔軟的關節折斷獵物的頸骨。然而，犬科動物或許是因為四肢特化成了適合長距離奔跑的構造，沒有辦法像人類的手臂或貓的前腳那樣靈活地使用前腳。也因此，輕量化的犬科如赤狐以及郊狼，出招方式幾乎一模一樣。對付小型獵物時，牠們用的不是拳頭，而是靠強而有力的後腳肌力垂直跳起，利用重力捕捉。先以兩隻前腳壓制對方，再用牙齒給予致命一擊。郊狼會從數公尺遠的地方躡足接近，確認獵物的位置之後飛躍而起，從正上方發動攻擊。將小型獵物壓制在地後咬殺。

攝影地｜美國（懷俄明州西北部）
攝影者｜ Tom Mangelsen

背負獵殺家畜的汙名

郊狼原本是以美國西部為中心分布，但是經過這數百年的持續擴張，如今棲息地已經大到北起加拿大、阿拉斯加，南至中美洲的巴拿馬、哥斯大黎加了。主要的原因就如前頁所述，因為狼等其他犬科動物的數量減少，讓郊狼有了擴大族群的空間，還有森林砍伐、農地擴增等活動造成郊狼喜愛棲息的平原大增，這些都是原因之一。

話雖如此，由於郊狼一直都是人類長年驅除的對象，所以也曾有過一段時期，因為毒殺、射殺、陷阱捕獲等手法而喪命的數量一年多達了12萬隻以上。因為郊狼「會襲擊家畜」的印象深植人心。

不過，實際調查過郊狼胃裡的內容物後，人們漸漸了解到事實未必是他們所想的那樣。研究對象廣及數千隻郊狼的調查結果顯示，其中曾經吃過家畜或家禽的只有1成多而已。

過去之所以被人們誤解，似乎是因為在被吃到一半的牛羊屍體旁邊經常會出現郊狼的足跡。實際上，類似這樣的案例絕大多數都是動物因為其他原因死亡，而郊狼只是恰好撿了殘羹剩飯來吃罷了。

不過，郊狼能夠與家犬雜交，生下一種叫做科伊狗（coydog）的後代，而這種科伊狗攻擊家畜家禽的衝動似乎比郊狼更加強烈。

此外，過去有很長一段時間人們以為郊狼性喜獨自生活，後來才發現對這個部分也存在著些許誤解。在美國的西部片中，郊狼在荒涼風景中獨自漂泊的畫面屢屢出現，久而久之大家也就跟著相信了的樣子，可是從實際情況來看的話，跟狼一樣以配偶為核心成群生活的案例才是比較常見的。

雌性伴侶一年生1次，平均產下6隻幼崽。大部分的孩子在出生後1年就會離開雙親獨立，不過也會出現獨立較晚、以「幫手」身分留在族群裡的孩子。狼群裡，大家一起生活，狩獵大型獵物時會互相合作。

不過，郊狼個體之間的連結性並沒有像狼那麼強。根據環境不同，族群的架構也會有所變化。據說在容易取得大型獵物的地方，經常可見多達8隻的群體；如果是只能獵捕小型哺乳類的地方，也有可能出現單獨行動的郊狼。

一般認為，或許是因為郊狼擁有配合環境採用各種族群模式的應變能力，才能夠不斷擴展其分布範圍。

從野鼠到大型鹿隻，郊狼會狩獵各種體型的動物，對牠們而言最大的問題之一就是如何在獵物變少的冬天找到食物。而最有效的解決方法，就是吃那些正因為是冬天才會大量餓死、病死的動物們。尤其11月至4月這段期間的主食大多都是屍體。因為連腐肉都會吃，所以郊狼與同屬肉食性動物的鬣狗、胡狼並稱為自然界的清道夫。至於負責清理這些清道夫所剩殘渣的，就是照片中的喜鵲等鴉科或松鴉們了。

攝影地｜美國（懷俄明州黃石國家公園）

孩子們所處的巢穴內部總是保持整潔

興許是肚子餓了，5隻小狼從巢穴裡爬了出來。有的巢穴就如照片所示是利用岩縫或樹洞打造而成，有的是在草木叢生的斜面上自己挖一個地洞，或是將狐狸或臭鼬棄置的巢穴拿來再利用等等。有時候巢穴會罕見地深達10m，位於盡頭的就是母子房間。內部不論何時都常保整潔。郊狼為一夫一妻制，於冬末交配，過了大約2個月後迎來春天就會產崽。6隻左右的小狼長到2、3週大就會走出巢穴，不過距離斷奶還要花上一個月半左右。雄狼不會進到巢穴裡，牠先為雌狼帶來餌食，接著才輪到孩子們的份。等到孩子們都斷奶以後，換成吐出半消化食物餵食牠們。出生後2、3個月大時，就可以全家動員一起出外狩獵了。約莫9個月大的小狼已經長到跟成狼差不多大，再過不久便會獨立、踏上旅程。郊狼不只會與家犬雜交生下科伊狗，也會與狼雜交生下科伊狼（coywolf）。對郊狼生態的了解，也能作為思考狗是什麼、獨立物種又是什麼的啟示。

攝影地｜美國（懷俄明州黃石國家公園）
攝影者｜Tom Mangelsen

郊狼的分布

DATA

中名	郊狼
英名	Coyote
學名	*Canis latrans*
保育	IUCN紅色名錄——無危（LC）
體重	7～23kg
頭體長	70～100cm
肩高	45～53cm
尾長	30～40cm

非洲金狼

位於非洲東北部肯亞的草原上，牠正在啃食屍體。10月是乾季末期，所以獵物依舊很少吧。雖然外表看起來就像胡狼，不過那是一隻非洲金狼——2015年公布的狼類新種。在這之前人們是將其視為棲息在非洲的亞洲胡狼亞種。非洲金狼分布在橫跨非洲西北部至東北部的地區。肯亞位於該區最南端，照片中的是又名為塞倫蓋提狼（Canis anthus bea）的非洲金狼亞種。與北部亞種相比稍微小了些，顏色也較淡較亮，吻部尖細。

攝影地｜肯亞（夏巴國家保護區）
攝影者｜Malcolm Schuyl

是新種的狼？還是胡狼的亞種？

2015年在非洲發現了新的狼種，也就是這個非洲金狼。包含灰狼、郊狼、胡狼在內的犬屬動物多了新種類，是時隔150年難得一見的大事，非洲的狼繼衣索比亞狼之後有了第二個種類。

至今以來，人們一直認為這個新種的狼就是同為犬屬的亞洲胡狼。亞洲胡狼是現存4種胡狼當中分布最廣的種類，適應了從歐亞大陸到非洲的各種生活環境。不過，使用基因進行解析之後，證實了非洲的亞洲胡狼雖然與歐亞大陸的亞洲胡狼有著共同的祖先，卻早在100萬年前左右就各自演化了。過去也有研究表明牠們不是灰狼的亞種。這也代表了，過往人們誤以為是非洲亞洲胡狼的動物其實是新種才對。這個種類被定義為一種狼，名字就叫做「非洲金狼」。

附帶一提，關於胡狼與狼之間的差異，一般是以幾項特徵作為判斷依據：犬屬當中小至中型者為胡狼，大型者則為狼；會單獨、成對或是以家族為單位生活的是胡狼，成群生活的是狼等等。除此之外，在狩獵方面，一般認為胡狼是單獨或少數成員出動，狼則是成群行動，但是兩者之間似乎沒有一條很明確的分界線。

與歐亞大陸的亞洲胡狼相比，非洲金狼的體型稍微大了些、頭骨也比較大，雖然存在些許差異，兩者的外表仍舊非常相似。明明早在100萬年前就踏上了不同的演化之路，又為什麼會相似到這種程度呢？關於這一點，對發現新種有極大貢獻的生物學家克勞斯-彼得・考伊夫利（Klaus-Peter Koepfli）表示，或許是因為兩者在演化的過程中受到了相同的演化壓力所致。意思就是，可能是因為雙方都得嘗試克服沙漠嚴峻的環境，結果演化出了體型嬌小、纖瘦、狼毛薄短這些阻礙身體吸收太陽光的特徵。

關於非洲與歐亞大陸的亞洲胡狼並不是同一個狼種的可能性，其實從2015年確定的數年前開始就有人提出過意見。考慮到亞洲胡狼廣大的分布區域，或許今後還會再發現更多新種也說不定呢。

右｜ 向著大西洋，位於西非的塞內加爾。該國北部是非洲金狼棲息的西端。在鄰接沙漠的半乾燥地區的枯木附近，4隻年輕的狼罕見地在樹上爬上爬下、嬉鬧玩耍。牠們是又名為埃及胡狼（Canis anthus lupaster）的亞種，身體又大又強壯，雖然耳朵偏小，卻充分展現出灰狼的特徵。也因為這樣，過去有段時期被人們當成灰狼的亞種。背部是偏黃的灰色，混雜了一些帶黑的毛。吻部、耳朵、四肢外側呈現帶紅的黃色，嘴巴周遭偏白。

攝影地｜塞內加爾　攝影者｜Cecile Bloch

左｜ 此時正值7月，塞內加爾的雨季將至。2隻埃及胡狼（Canis anthus lupaster）為了搶奪瘤牛的屍體而打了起來。雖然埃及胡狼長得也滿像灰狼的，但牠們是非洲金狼的亞種。照片中，右邊的狼露出利牙，做出攻擊性十足的威嚇神情，打算猛烈進攻。另一隻狼極力守著自己的獵物，用驚人的角度拚命地來回竄動。從耳朵還沒有向後貼的狀態，便可看出牠們戰意十足。乾季期間幾乎不會降雨。這張照片拍下了在獵物稀少的乾燥大地上開戰的瞬間。

攝影地｜塞內加爾　攝影者｜Cecile Bloch

非洲金狼的分布

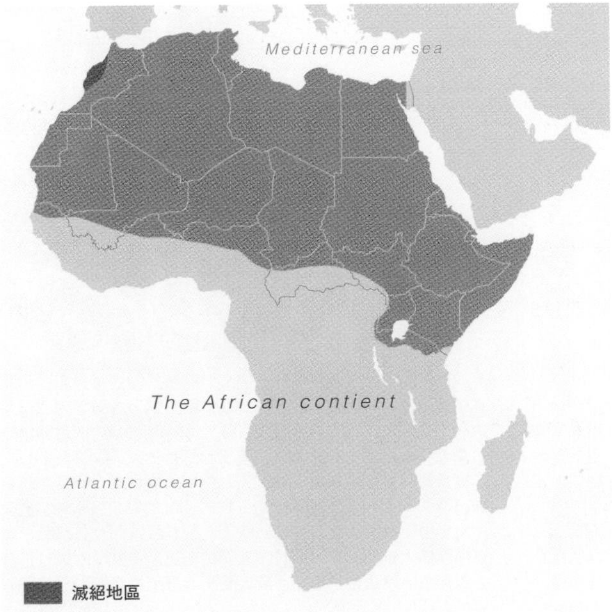

※ 由於國際自然保護聯盟（IUCN）的最新版紅色名錄（2008年）以及最新版的Mammal Species of the World Third Edition（2005年）是在發現新種之前發行，所以當時依舊視其為亞洲胡狼的亞種。

DATA

中名	非洲金狼
英名	African Golden Wolf
學名	*Canis anthus*
保育	IUCN紅色名錄──無危（LC）
體重	7～15kg
頭體長	60～106cm
肩高	38～50cm
尾長	20～30cm

狼

衣 索 比 亞

這裡是非洲的天空秘境。就連草都長得跟樹木一樣茁壯。在碩大高山植物巨人半邊蓮（Giant Lobelia）林立的間隙之間，衣索比亞狼宛若一尊神社狐像端坐其中。正如其名，牠們是衣索比亞的特有種，貝爾山國家公園則是僅剩的兩塊小棲息地的其中之一。海拔4,000m的薩內蒂高原究竟是一塊樂土，還是雖為熱帶非洲大地卻幾乎要結凍的煉獄呢？來看看身陷滅絕危機的牠們的生活樣貌吧。

攝影地｜衣索比亞（貝爾山國家公園）
攝影者｜Anup Shah

瀕臨絕種的非洲最後的狼

以鮮黃嬌豔的花為背景信步而行，衣索比亞狼向前邁步的瞬間。沉著冷靜的眼睛令人印象深刻。亮紅褐色體毛與白色區塊的界線相當分明。嘴巴周遭、喉嚨、胸部以及四肢內側潔白無比。色彩鮮明的毛好似在歌頌主人的高貴。事實也是如此，牠們的確是殘存於非洲的最後的狼。

攝影地｜衣索比亞（貝爾山國家公園）
攝影者｜Will Burrard-Lucas

在幾乎要結凍的草叢之間，享受融化大地的晨光沐浴在身上的衣索比亞狼。即便身處在零下7℃的草地上，也是一副縮起身子就能禦寒的愜意模樣。拍下這張照片的地方是位於衣索比亞南部的貝爾山國家公園，至於衣索比亞狼的另一個棲息地則是在北部的塞米恩國家公園。學名simensis就是源自於牠們的棲息地塞米恩。

攝影地｜衣索比亞（貝爾山國家公園）
攝影者｜ Will Burrard-Lucas

端正的側臉　十分美麗的狼

溫柔的表情。一副似狗的外表。耳朵也太像狐狸了吧？還擁有修長的四肢。長久以來，人們都是依照動物的身形、骨骼、牙齒加以分類。也因此，牠們曾被稱為胡狼。近年來，因為引進了以DNA、基因進行分類的技術，證實了牠們是狼的同類。根據觀看的角度，有時似狗或狐，有時也很像胡狼。用一句話來形容就是端正的五官。實際上，也因為這樣才得以生存至今。有傳言指出，衣索比亞狼之所以會變成衣索比亞野生動物保育象徵性的存在，或許應該歸功於那張端正的側臉呢。

攝影地｜衣索比亞（貝爾山國家公園）
攝影者｜Anup Shah

母親以外的雌狼也會哺乳，族群的育兒方針

冰河時期自歐亞大陸來到非洲大陸的灰狼子孫即為衣索比亞狼。過去原本認為牠們是胡狼的同類，因而也稱之為「阿比西尼亞胡狼」（「阿比西尼亞」是衣索比亞的舊稱），不過如今已知牠們是狼的同類才對。

衣索比亞狼正如其名，是衣索比亞國內才有的狼種，棲息地僅限海拔３０００ｍ以上的高原台地及草原。牠們零星分布在該國北部的塞米恩國家公園與南部的貝爾山國家公園的範圍內。

雖說是在非洲，仍因為高地的關係使氣溫變得相當低，是個連草都會結凍的環境。而牠們適應了那樣的環境生活至今。話雖如此，有人觀測到衣索比亞狼從低地逐漸移往高地的景象，若從體色去考量的話，或許可以推測牠們直到最近都還待在低海拔地區活動。那是因為覆有鮮艷金毛的身姿固然美麗，但是在牠們生活的滿是灰岩及綠草的環境裡不免過於醒目了。

此外，這種狼的特徵是頸部至胸口長有斑點與條狀白色花紋，據說在狼群裡的地位越高，這個特徵就越明顯。雖然牠們組成的狼群規模偏小，族群中的地位高低卻相當明確。舉例來說，居於上位的雌狼每年產崽，地位較低的雌狼則不生產、負責提供母乳給其他雌狼的孩子。在育兒方面也是一樣，族群當中會有好幾隻狼擔任保母，與雙親一同貢獻一己之力。當小狼有進食需求的時候，雙親或擔任保母的狼就會從胃裡吐出食物餵飽孩子。

雖然衣索比亞狼會組成穩定的群體一起生活，但是牠們的滅絕危險性卻據說是犬科動物當中最高的。推測當今的總棲息數落在６００隻上下。

個體數減少的原因不勝枚舉，除了因為狩獵、交通事故死亡之外，還有高地的許多草原被變更為農地，使得棲息地減少等等，不過據說最大的要因是被狗傳染的疾病。由於過去曾有感染狂犬病的狗跟著飼主一起進到國家公園內，導致狂犬病蔓延成災，也釀成了衣索比亞狼個體數大幅減少的悲劇。為了避免憾事再度發生，專家們致力於幫野犬接種狂犬病預防疫苗等等，為保護衣索比亞狼積極採取行動。

嘻笑打鬧的小狼們。直到1歲以前，小狼都可以從雙親、族群裡的成狼們嘴裡討到食物吃，所以跟其他的犬科動物相比顯得更加逍遙自在。小狼的亮紅褐色與白色部分雖然不若成狼那樣涇渭分明，依舊看得出來是相同的色系與花紋。尤其是左邊小狼放在右邊小狼身上的尾巴，有著跟成狼一樣的特徵。從尾巴末端算起有一半左右是黑的，至於連著尾巴的根部則有一半是白的。

攝影地｜衣索比亞（貝爾山國家公園）　攝影者｜Will Burrard-Lucas

出生後10週左右。看起來似乎有些煩悶，成狼的臉歪向了另一邊。日語辭典中有個詞叫「黏人（まとわりつく）」，其中一個例句是「小狗黏在身邊不走」，簡直就是這幅場景的最佳寫照。不過，據說在小狼身旁的並不是牠母親，而是牠歲數相異的姊姊。姊姊奉母命擔任保母，在母親巡視地盤、出外狩獵的期間，由她來照顧小孩。

攝影地｜衣索比亞（貝爾山國家公園）
攝影者｜Will Burrard-Lucas

這跟上面的照片是同樣的關係──歲數相異的姊姊與小狼們。左邊蹭來蹭去的小狼、滿懷愛意親吻手足的姊姊、還有右邊看似不大情願卻心滿意足的小狼。小狼出生於10～1月。少則2隻，至多可達7隻左右。到了1～3月的時候，便能見到小狼們精神抖擻地四處跑動的模樣。雌狼產崽當母親的比例約占6成，但有時擔任保母的成員也會產崽。性成熟的雌狼會離群獨立、尋找對象，但據說因為衣索比亞狼數量偏少的緣故，有時候也會生下家犬的後代。

攝影地｜衣索比亞（貝爾山國家公園）
攝影者｜Will Burrard-Lucas

剛打完獵回家，跟同伴打招呼的衣索比亞狼。一邊搖著尾巴，一邊觸碰彼此、互相舔舐吻部。在貝爾山國家公園的薩內蒂高原，各有2～18隻的各個族群以地盤為界生活於此。巡視地盤是早晚的例行公事，包含母親在內的成員前去巡邏的期間，孩子們就託付給保母照顧。

攝影地｜衣索比亞（貝爾山國家公園）　攝影者｜Will Burrard-Lucas

就算是單獨狩獵，賦歸之際也要跟同伴打打招呼

衣索比亞狼的主要獵物是住在衣索比亞高地上的大頭速掘鼠（或稱大頭非洲鼴鼠，學名Tachyoryctes macrocephalus）。這種體型跟褐鼠差不多大的鼠類住在自己挖出的地底洞穴裡，一天當中探出地面的時間只有短短的20分鐘左右。也因此，時機不對的話是沒有辦法抓到牠們的。衣索比亞狼就是看準了這個時機，牠們靜靜等待直到獵物從洞裡爬出的那一刻，以驚濤駭浪之勢用吻部重擊對方、捕獲到手。衣索比亞狼的聽覺非常敏銳，似乎能夠藉由聲音察覺獵物準備出巢的動靜。

這種狩獵基本上都是獨自進行，不過就如同第92頁所述，衣索比亞狼是過著群居生活。每個族群各別擁有5～8平方公里左右的地盤，而且據說大小差不多等同於各狼群在自己的地盤內有足量的大頭速掘鼠可以果腹的程度。

白天因為狩獵的關係成員分散各地，直到天黑返家的時刻到來，才又再次集結成群。而且白天與晚上大家會一起出外巡邏，視察有無外敵或其他族群的狼入侵地盤，一旦發現了就集眾人之力驅趕對方。除此之外，還要確保孩子們（只有地位較高的雌狼可以生育，一次生2～7隻）的安全，整個族群同心協力養育後代。

如前所述，雖然衣索比亞狼是非常稀少的動物，牠們的生態依舊是相對為人所知的。其中一個原因就是牠們棲息在有限區域內的清晰可見場所，有利於人們從事觀察活動。再者，由於這種狼棲息的場所原本就有人類定居，所以牠們已經對人類習以為常，即便看見研究人員現身也不會轉身就跑。當地人也對狼抱持著寬容的態度，雙方都不會特別在意彼此的存在，構成了一種共生共存的關係。所以研究人員才得以深入當地追蹤狼群的動向，甚至連每一隻狼分別處於何種狀態都能夠清楚掌握，觀察到衣索比亞狼完整的生活樣貌。

在這樣的背景之下，人們也了解到衣索比亞狼被迫面臨什麼樣的危急狀況，於是開始推動各項保育活動。對狼也採取了最直接的行動，像是幫牠們施打預防疾病的疫苗等。聽說具體的流程大致如下：首先架設簡單的陷阱捉狼，接著請專家團隊盡快執行施打疫苗這類必要措施之後，就可以進行野放了。有了動員的力量從旁協助，如今這些稀少的狼獲得了更多存續下去的機會。

上｜ 嚴禁腳步聲。在草木之間安靜地緩步徐行，豎起耳朵凝神傾聽。一旦發現獵物，就集中精神，壓低身體逐步逼近。之後像赤狐那樣垂直跳起，用兩隻前腳壓制小型獵物。由於貝爾山國家公園內幾乎沒有大型獵物，所以牠們不會成群出外狩獵。衣索比亞狼以一人之力孤獨狩獵，再把獵物帶回家給孩子們、甥姪輩的小狼們吃。

攝影地｜衣索比亞（貝爾山國家公園）
攝影者｜ Ignacio Yufera

下｜ 衣索比亞狼不會襲擊家畜，牠們的獵物當中有95%都是野鼠。被盯上的是大頭速掘鼠。大頭速掘鼠長得跟日本頗受歡迎的裸鼴鼠滿像的，不過是有長毛的版本。這種鼠類會為了採集自己愛吃的草跑到巢穴外，再馬上鑽回地洞裡。所以得看準那轉瞬即逝的時機進行狩獵。也因此經常會失敗，不是那麼簡單可以捉到的。再加上也沒有什麼大型獵物，所以必須確保同族擁有穩定的獵場，納入地盤堅守到底。一般認為那就是牠們要組成狼群的理由。

攝影地｜衣索比亞（貝爾山國家公園）
攝影者｜ Will Burrard-Lucas

11月。正在巡視族群地盤的衣索比亞狼。過去認為殘存的數量大概是600隻左右，據說如今已經剩下不到500隻了。在這座貝爾山國家公園裡大約有250隻，而種小名語源的塞米恩山地是50隻以下，至於待在其他地區的只有少數而已。牠們是世界上滅絕危機最大的物種。早期因為誤傳衣索比亞狼會襲擊家畜的情報，導致牠們落入被無差別射殺的慘況。棲息地也被相繼開發。因為犬隻入侵，染上狂犬病而亡。後來又因為2015年犬瘟熱蔓延，數量變得更少。時至今日，人們依舊將薩內蒂高原當作放牧家畜的地方，令衣索比亞狼因為這些跟人一起來到高原的狗而染病。

攝影地｜衣索比亞（貝爾山國家公園）
攝影者｜Will Burrard-Lucas

衣索比亞狼的分布

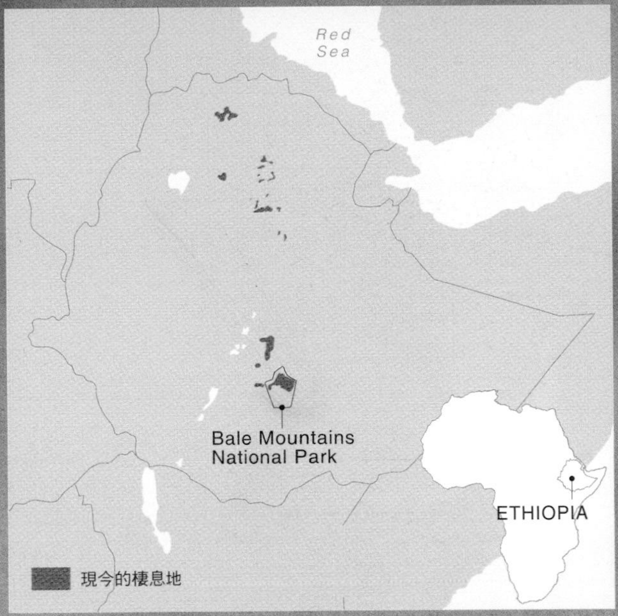

DATA

中名	衣索比亞狼
英名	Ethiopian Wolf
學名	*Canis simensis*
保育	IUCN紅色名錄　瀕危（EN）
體重	雄性14～19kg、雌性11～14kg
頭體長	雄性93～101cm、雌性84～96cm
尾長	雄性29～40cm、雌性27～30cm

亞洲胡狼

因為肯亞的納庫魯湖有大量藻類滋生，曾經招來了超過100萬隻以藻為食的紅鶴，而被譽為世界最美的鳥類絕景。這是一隻在該湖追獵紅鶴的亞洲胡狼。牠靠著強韌的腳部肌肉靈活奔走。可惜的是，如今因為水質改變的關係，使得藻類繁殖不易，紅鶴的數量也就跟著驟減。話雖如此，還是有超過400種鳥類會飛來湖泊及園內，所以胡狼的獵物應該不至於短缺才是。

攝影地｜肯亞（納庫魯湖國家公園）
攝影者｜Anup Shah

只有家人的族群與家族總動員的育兒模式

胡狼是由成對的雄狼與雌狼長期保持合作關係，形成一個只有家人在內的群體過著穩定的生活。尤其牠們極有特色的一點是，子女當中通常有1隻胡狼即使到了11個月大性成熟，也不會想趕快獨立去繁衍自己的後代，而是奉獻1年時間留在家族群裡協助雙親照顧弟弟妹妹們。

這樣的年輕胡狼叫做「幫手」，在族群當中扮演了相當重要的角色。有幫手在就是多了一大助力，雙親可以在幫手顧小孩的期間出門尋找獵物，或者是由幫手送些食物給哺乳中的母親等等。從結果來看，在有幫手協助的情況下，子女存活的機率大大提升。這對幫手本身也是好的，有利於自己的基因傳承下去。

胡狼的地盤意識很強，牠們會在巢穴周邊仔細地做記號。此外，不管是做記號還是吃飯、休息的時刻，雄雌配偶大多都是一起行動。可以看出家族因為強韌的羈絆緊密連繫在一起。或許是因為有利於繁殖才誕生出這樣的機制，卻又讓人從中感受到超越利益的暖心之情。

左｜從巢穴中現身的印度胡狼的孩子們。眼睛和耳朵帶有紅色是胡狼的特徵。巢穴可能是利用天然的地洞、岩縫打造而成，或是將孟加拉狐、印度豪豬、灰狼等動物的巢穴拿來再利用，又或是靠自己的力量挖掘而成。巢穴的規模就跟郊狼一樣沒有很長，大概2～3m左右，深度也僅50cm至1m上下。出口可能有1個到最多3個。印度的胡狼平均會產下4隻幼崽，不過並不是所有的孩子都有機會健康長大。實際的家族結構為單獨、成對、或3隻以上的族群，據說比例接近各占三分之一，其中又以4～5隻的家族較多。

攝影地｜印度（中央邦班達迦國家公園）
攝影者｜Nayan Khanolkar

右｜一般認為亞洲胡狼之下的亞種有13種左右，照片中的是又名為印度胡狼（Indian Jackal）的亞種。肩膀、耳朵到四肢呈現帶淡黃的褐色，裡頭混雜了一些白或黑色的毛，背部及尾巴偏黑。與其他亞種相比，印度胡狼的體型足足小了一圈，體長100cm、體高35～45cm。體重也只有8～11kg，非常輕。孟加拉的平均數據為雄性10.3kg、雌性8.5kg。照片拍攝地倫塔波爾國家公園原本是摩訶羅闍（印度王公）的獵場，後來被列為國家公園作為老虎的保護區。這是全印度最注重孟加拉虎保育的公園。

攝影地｜印度（拉賈斯坦邦倫塔波爾國家公園）
攝影者｜Chris Brunskill

颯爽漫步東歐的
亞洲胡狼

亞洲胡狼的分布區域非常寬廣。範圍橫跨東南亞到印度，一直延伸到中東、土耳其、北非（棲息在非洲的胡狼被認定是新種的非洲金狼）。還有地中海的希臘、東歐南部的保加利亞、羅馬尼亞南部，就連相隔甚遠的匈牙利部分地區也有亞洲胡狼棲息。照片中的是一邊在水邊漫步一邊尋找獵物的羅馬尼亞亞種，亦稱為歐洲胡狼（European Jackal）。牠們是亞種當中最大型的種類，全長120～125cm、體重10～15kg。毛比較粗，大腿、額頭、耳朵呈現帶紅的栗色。

攝影地｜羅馬尼亞
攝影者｜Martin Steenhaut

印度的狩獵

一隻雄印度黑羚被印度的灰狼給殺死了，準備好好享用這具屍體的是亞洲胡狼的亞種印度胡狼。亞洲胡狼跟鬣狗、郊狼一樣是自然界的清道夫。屍體依地區不同有時候會成為寶貴的食物來源，不過胡狼對屍體的依賴性並沒有那麼高。根據在印度的調查結果顯示，牠們的食物當中有60%以上是鼠類、鳥類以及果實。印度黑羚是一種似鹿的牛科（羚羊亞科）動物，拍下這張照片的公園即為印度黑羚的保護區，只要入園就一定能看到。公園內有濕地、河川、沼澤等地形，植物也豐富多樣，除了狼以外還有條紋鬣狗、叢林貓等肉食性動物也共存於此。

攝影地｜印度（古吉拉特邦維拉瓦達爾印度黑羚國家公園）
攝影者｜ Dominic Robinson

非洲的狩獵

亞洲胡狼盯上了湖邊毫無防備的紅鶴。雜食性很強的牠們不會對獵物挑三揀四。在非洲，亞洲胡狼會捕食前頁印度黑羚的近親——瞪羚的幼體等等，不過有時候也會出動數隻成員成群圍捕成體。與攻擊喉嚨的黑背胡狼不同，亞洲胡狼會將獵物生吞活剝，割開其腹部、啃食其內臟。靠著又長又尖的犬齒、粗大且前端尖銳的臼齒——裂肉齒，就可以把堅硬的皮肉撕裂開來。除此之外，牠們也不怕敏捷的大型肉食動物，連是自己5倍重的鬣狗都敢出手攻擊。依棲息地不同，有些胡狼會長期保持成對的配偶關係。在地盤附近有狩獵區，牠們會共同狩獵並分享食物。

攝影地｜肯亞（納庫魯湖國家公園）　攝影者｜Anup Shah

大家開心地觸碰彼此

上｜ 恩戈羅恩戈羅是位於坦尚尼亞北部的自然保護區，與亦有野生動物寶庫之稱的塞倫蓋提國家公園相鄰。在那豐富的大自然中，4隻亞洲胡狼的小孩到了離巢的年紀。塞倫蓋提的亞洲胡狼一年繁殖1次，於乾季結束的10月交配，再於食物豐富的12～1月雨季產下幼崽。懷孕期60～63天，雖然一次會產下1～9隻，仍以2～4隻的情況居多，在塞倫蓋提則是平均最少也會有2隻。自小狼出生後算起的3週期間，母親都會寸步不離地陪在孩子身邊。哺乳中的母親所需的食物，會由雄性伴侶或是去年所生的孩子們幫忙送來。雖然哺乳會持續8週以上，不過小狼到了1個月大左右就能吃下成狼吐出的半固體食物了。

攝影地｜坦尚尼亞（恩戈羅恩戈羅保護區）
攝影者｜ Anup Shah

下｜ 非洲的亞洲胡狼在出生後2個月大開始斷奶，4個月大時改吃固體食物。差不多到了出生後2個月半就會踏出巢穴，如照片所示像小狗互相嬉戲般與手足打打鬧鬧。3～4個月大時毛色就會變得跟雙親一樣，進入離開母親身邊的半獨立時期，在離巢穴50m左右的範圍遊玩、有時睡在戶外。隨著逐漸成長，遊戲也變得越來越激烈，到了6個月大左右手足之間的地位高低已大致確立了。

攝影地｜坦尚尼亞（恩戈羅恩戈羅保護區）
攝影者｜ Anup Shah

上｜ 蓬其國家公園是位於印度中央的孟加拉虎保護區，有條蓬其河貫穿南北。娑羅樹、印度幽靈樹、竹林等植物變化萬千，既廣闊又豐富的一座森林。印度的亞洲胡狼是在2～3月進行繁殖，交配期26～28天，懷孕期63天左右，在食物豐碩的時期生產。平均產下4隻幼崽，出生後8～11天眼睛就會睜開，10～13天耳朵立起。牙齒在出生後11天開始生長，到了5個月大時已經有一副成狼的牙齒了。剛出生不久的體毛介於亮灰色至褐色之間，1個月大之後逐漸轉為帶有黑斑的偏紅毛色。出生後4個月大左右體重會增加到3kg上下。

攝影地｜印度（中央邦蓬其國家公園）
攝影者｜ Mary McDonald

下｜ 塞倫蓋提周邊的亞洲胡狼社會性很高，配偶也會長期維持彼此關係，家人互相合作進行狩獵、保衛地盤，整個族群共享食物。就像照片中小狼們藉由互相理毛來增進彼此的感情，這在成年亞洲胡狼身上也是一個常見的行為。

攝影地｜坦尚尼亞（恩戈羅恩戈羅保護區） 攝影者｜ Anup Shah

亞洲胡狼的毛色會因地區、季節而異，正如其俗名「金豺」，顏色從沙子般的金色到淡黃色、亮褐色都有，變化相當豐富。因為季節而變化的類型碰到雨季會變成帶褐的黃色，到了乾季則轉為淡淡的金色。亞洲胡狼不僅體型纖瘦，還有一張輪廓鮮明的臉蛋，大大的耳朵銳利地向上挺起。有時也會發出尖銳的叫聲、吠叫聲等，或是利用嚎叫聲來確認彼此的位置。

攝影地｜羅馬尼亞
攝影者｜Martin Steenhaut, Buiten-bleed

分布範圍從亞洲一路延伸到中東、東歐

在犬科犬屬動物當中，名字以「胡狼」結尾的種類有4種，其中分布區域最廣的就是亞洲胡狼了。

牠們的分布範圍包括中東的阿拉伯半島、東歐的奧地利及保加利亞，再一路延伸到了南亞的印度、斯里蘭卡、東南亞的泰國及緬甸。過去人們誤以為亞洲胡狼也棲息在非洲西北部的塞內加爾、摩洛哥，後來在2015年透過基因解碼技術證實了該區的狼與亞洲胡狼為不同種類（＝非洲金狼，第84頁）。也因此，亞洲胡狼的棲息地並不包含非洲。

剩下的3種即為黑背胡狼、阿比西尼亞胡狼（或稱衣索比亞狼）、側紋胡狼，不過上述這些狼種的棲息地僅限於非洲，相對於此，亞洲胡狼能夠在非洲以外的地區開拓如此廣大的一片天地，可以說是多虧了那對環境的高強適應力。不管是廣闊的草原、森林還是沙漠都有辦法適應，從低地到海拔1000m左右的地區皆能棲身。就連有人類定居的環境也可以習慣成自然，雖然只會在夜裡現身，但是在都市或村落都有機會見到牠們。

胡狼的其中一個特徵是體型比狼來得嬌小。也就是說，即使拿灰狼當中最小的亞種阿拉伯狼做比較，亞洲胡狼的體型依舊比不過對方。另一方面，與同為胡狼的黑背胡狼、側紋胡狼相比，亞洲胡狼是在基因上與灰狼、郊狼較為相近的物種。這也代表了縱有「胡狼」或「狼」名，也無法輕易劃清兩者之間的界線。

一般認為，亞洲胡狼起源自印度，自大約2萬年前開始逐漸將棲息地擴展至世界各地。胡狼在印度的民間故事中也有登場，在印度教中還被刻畫成神的使者；另一方面，胡狼在歐洲的形象則多為像狐狸那樣狡猾精明的動物。舉例來說，有個故事就提到胡狼使計離間狼、虎、鼠這三位好友的感情，藉機獨占了獵物。除此之外，也有傳言說如果在早上出外旅行時聽到胡狼吠叫的聲音會使人運氣變差。

一般認為，這些印象主要來自於胡狼會襲擊以山羊、綿羊為首的家畜，以及毀壞葡萄或甘蔗等植物的脾性，不過同時我們也能充分了解到，胡狼是一種自古以來與人類關係深遠的動物。

亞洲胡狼的分布※

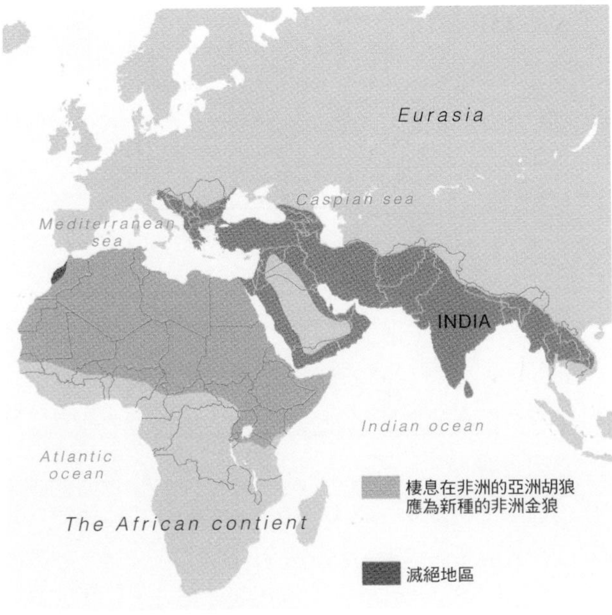

※ 雖然「棲息在非洲的亞洲胡狼應為新種的非洲金狼」之說盛行，但是在國際自然保護聯盟（IUCN）的分布圖中依舊標示為原本的亞洲胡狼。

DATA

中名	亞洲胡狼
英名	Golden Jackal
學名	*Canis aureus*
保育	IUCN紅色名錄——無危（LC）
體重	7～15kg
頭體長	60～106cm
肩高	38～50cm
尾長	20～30cm

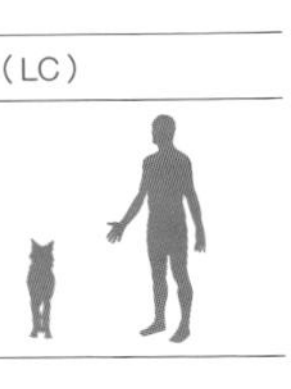

豺

從前蘇聯的深林到海拔超過5,000m的青藏高原、印度及泰國的密林、中亞的乾草原（steppe），豺適應了各式各樣的環境。話雖如此，牠們只有在印度的保護區算是經常可見的動物，除此之外的地區則是非常罕見的存在，甚至在某些地區已經滅絕。如今其分布區域少到只剩下過往的40%了。儘管森林破壞、狩獵、傳染病帶來的影響不容忽視，前蘇聯以驅除害獸的名義散布毒餌的措施更是讓豺數量驟減的原因之一。雖然國際自然保護聯盟（IUCN）評估數量有4500～10500隻，但是也有說法指出野生豺的棲息數已經降至2500隻以下了。

攝影者 | Jeffrey Jackson

上｜ 大小跟印度狼差不多。與狼相比，豺的肩高較低、尾巴較短。短胖的吻部為其特徵，耳朵略短、耳尖圓潤。前蘇聯等北方亞種的體型比南方亞種大上2成左右。毛色也會依棲息地而有所差異，如果是像照片那樣的北方，豺會長出一身又長又軟的豐厚冬毛。體毛為鮮艷的紅褐色。夏毛則又粗又短，且色調偏暗。在腹部等下方部位以及四肢內側偏白。

攝影者｜John Daniels

下｜ 在印度的樹蔭下慵懶地舒展筋骨。想讓人看看那條捲曲的俏麗尾巴。尾巴越接近末端顏色越黑是豺的特徵之一。牠們的叫聲也很有特色，除了最具代表性的像口哨一樣的咻咻聲之外，還能發出各種令人感到驚訝的叫聲。有時候像貓一樣喵喵叫、發出尖銳的高音或鼻音，卻不會像家犬那樣吠叫。據說像口哨的叫聲經常用於號召族群集合等場合。

攝影地｜印度（中央邦班達迦國家公園）
攝影者｜Tony Heald

因為外貌的關係
也被人們稱為紅狼

由於塔多巴國家公園與相鄰的安泰里野生動物保護區被列為老虎保護區，這裡對豺群而言也是個能夠安心生活的好地方。牠昂首闊步於灼熱的大地，帶著一身美麗的紅毛。不負紅狼這個別名，豺擁有雄壯威武的毛色。牠們的生活模式與非洲野犬極為相似，過著群居生活、互相合作進行狩獵，並由族群裡的所有大人共同養育後代。豺群通常由5～12隻組成，握有地盤。超過20隻是很稀少的情形，有時還會罕見地多達40隻左右，但通常是以一個家族為中心。除了負責顧小孩的成員以外，所有成豺都會參加狩獵活動。族群的成員積極通力合作，萬眾一心力圖狩獵成功。

攝影地｜印度（馬哈拉什特拉邦老虎保護區）
攝影者｜Jagdeep Rajput

團結力量大，連老虎都能趕跑

豺棲息在西藏的高地、印度的密林、中亞的乾草原等亞洲各種環境，以慘無人道的狩獵方式聞名，別名叫做「殘忍的殺手」。

其狩獵對象從野兔等小型哺乳類到鹿等大型哺乳類都有，範圍相當廣泛。豺會與族群的同伴一起行動，成群結黨追殺獵物。不管是灌木叢中還是水裡，牠們都會糾纏不休地追到天涯海角，咬住任何可以咬的部位，以奪走獵物行動自由為首要目標。

如果對方是小型獵物，豺會在緊咬的狀態下瘋狂甩動頭部使其喪命，接著馬上開始享用，這是單靠1隻豺就可以獨自完成的狩獵。但如果是面對鹿等大型獵物的話，就要讓對方沒有用角等部位反擊的餘地，所以一開始會咬住鼻、臉來壓制對方，再靠著團體的力量一口氣攻向腹部等要害，在獵物一息尚存之際拖出內臟使其死亡。然後用不到1分鐘，豺群就會把獵物的身體大卸八塊，花個幾分鐘便吃抹乾淨了（跟下幾頁登場的非洲野犬採用同樣的方法進食）。尤其心臟、肝臟、側腹的肉、眼球、胎兒似乎是牠們最愛吃的部位，通常會先挑這幾個地方開始享用。就好像在互相比拚進食的速度，狼吞虎嚥地吃到碗底朝天。據說1隻豺可以在1個鐘頭內吞下多達4 kg的肉呢。凡是為了獲取獵物，就算碰上其他大型肉食動物牠們也不會輸。因為獵物糾紛而與老虎、獵豹產生衝突，最後集眾人之力驅趕對方也是偶有的事。

另一方面，儘管豺極具攻擊性、天生性格兇猛，卻又可見牠們在狩獵時發揮團隊合作的精神、展現強大的社會性，在育兒方面也能善用這項優勢。

豺群的規模為5隻至數十隻上下，當有雌豺產崽時，其他的成豺也會協助照顧，像是吐出食物餵給小豺吃等等。據說在生產過後的2、3個月期間，無法出外狩獵的母親也同樣享有領受食物的福利。除此之外，據說也會有專門負責守望的成員，雖然牠們不會直接幫忙育兒事務，但是肩負著查看是否有外敵來襲的任務。

與其他大半的犬科動物相比，豺的大臼齒左右各少1顆，短胖的吻部也很有特色。一般認為，這是順應牠們立志成為肉食主義者的演化結果。

雖然豺無庸置疑是可怕的獵人，不過從維持當地生態系平衡的層面來看，牠們殺鹿的行為也是必要的環節。有時減少鹿的數量、有時追趕鹿隻，豺的存在也讓當地植物免於消失殆盡的危機。

豺的主食是中型有蹄類動物，在印度又以花鹿為牠們最常獵捕的對象。從野生莓果等果實及植物，一直到昆蟲、蜥蜴、鼠類、野兔等都會吃。除了會像照片那樣襲擊比自己大將近10倍左右、又重又凶猛的野豬之外，也會捕食印度野牛、河水牛這類超過1ton重的大型草食動物，甚至連熊也不例外。有時候因為獵物糾紛而與虎、豹產生衝突，豺群也會互相合作趕跑對方，強行奪走獵物。反倒是牠們不會因為獵物與同伴產生爭執。豺也很擅長游泳，經常把鹿趕到水中捕獲。

攝影地｜印度（中央邦蓮其國家公園）
攝影者｜ Nick Garbutt

幾乎已經轉為成豺毛色的小豺們。剛出生時是十分接近黑色的褐色。母親在生產之前會先築巢。有時自己挖掘，有時利用岩縫、洞窟、窪地打造而成，又或是將豪豬等動物的巢穴拿來再利用。在印度，豺的交配期在9～11月，懷孕期60～63天，生產落在1～2月左右且平均產下4、5隻幼崽。最多會生到9、10隻左右。小豺到了出生後70～80天就會踏出巢穴。斷奶也是在出生後2個月大左右，也是差不多從這個時期開始吃肉的。成豺會把未經消化的肉吐出來給母子食用。出生後7、8個月大時就可以參加狩獵，1年達到性成熟。直到出生後6個月大以前族群都會持續照顧小孩，除了吐肉餵食之外，也會保護小豺、讓小豺優先享用獵物。

攝影者 | ZSSD

豺的分布

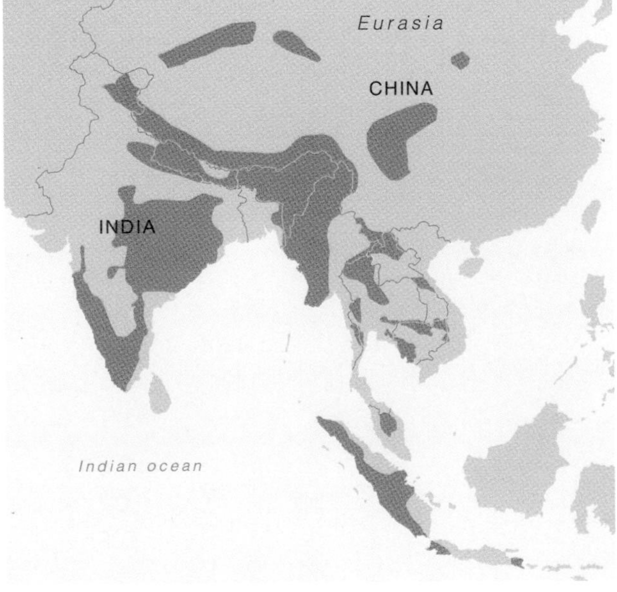

DATA

中名	豺
英名	Dhole／Asiatic Wild Dog／Indian Wild Dog／Red Dog／Red Wolf
學名	*Cuon alpinus*
保育	IUCN紅色名錄——瀕危（EN）
體重	雄性15～20kg、雌性10～17kg
頭體長	80～113cm
肩高	42～55cm
尾長	40～50cm

非洲野犬

左｜ 輕抵吻部打聲招呼

群居生活最重要的就是同伴之間不要爭鬥。也因此，日常的溝通以及肢體語言可說是相當必要的互動。像照片那樣用鼻子等部位輕抵對方吻部的行為，是犬科動物經常展現的動作。其中又以小孩央求大人把食物吐出來的場合居多。在非洲野犬的社會裡，這個行為也會出現在成犬之間，與其說是在討要食物，更像是一種禮貌性的問候方式。族群裡隨處可見成犬互相碰鼻、舔舐彼此的親暱舉動，有助於舒緩緊張的情緒。相反地，也可以說牠們藉由這種模仿幼犬的行為，來消弭成犬之間的攻擊衝動。這種行為正是非洲野犬具有高度社會性與發達溝通能力的最好證明。

攝影地｜南非（夸祖魯 - 納塔爾省姆庫澤）
攝影者｜ Bence Mate

右｜ 野外的理想世界

2隻幼犬嬉鬧玩耍著。非洲野犬的特徵是那對又大又圓的耳朵，牠們跟狼一樣過著群居生活，同伴之間的羈絆非常深厚。尤其孩子們在整個族群的關愛與呵護之下長大。族群裡的成犬會將吃下的獵物吐出來餵給幼犬吃。每當有捕到獵物，現場最先開動的既不是首領也不是其他大人，而是大到可以一起出獵的孩子們。直到幼犬們長到可以自立自強的階段——出生後約14個月大以前，都會受到成犬們完善的照顧。在狩獵期間負責照顧幼犬的保母成犬、因為傷病而無法出外狩獵的同伴們，也享有從族群那裡領受食物的福利。每到了休憩時間，便可以看到大人與孩子和樂融融玩耍的模樣，就某種意義上而言，超越人類社會的理想世界或許就在那裡呢。

攝影地｜南非（夸祖魯 - 納塔爾省姆庫澤）
攝影者｜ Bence Mate

平等的互助與扶持
全員和睦共處的社會

棲息在非洲的非洲野犬會組成數隻至十幾隻的群體合作狩獵。關於團隊合作的巧妙之處將在第１２２頁詳加敘述，至於牠們為什麼能夠互相合作以達成重要目的，一般認為是基於日常生活中豐富的溝通經驗。

非洲野犬平常會互碰鼻子跟對方打招呼。除此之外，舔舐彼此、發出叫聲這類肢體語言也是牠們習以為常的重要溝通方式。包括睡覺的時候也是一片和樂融融，大家緊靠著彼此入睡。

其中最厲害的地方則莫過於牠們擁有的民主制度了。在出發狩獵之前，非洲野犬會用打噴嚏來表達自己是持贊成還是反對的意見。打噴嚏代表持贊成意見，當噴嚏出現的次數一多，出外狩獵的可能性就很高。此外，據說結束狩獵

返家的個體會吐出肉塊給沒有參與狩獵的雌犬或幼犬吃。

雖然非洲野犬的狩獵方式激烈到會讓人覺得殘暴，但是在牠們拚命努力的背後有著與自家人及族群的深厚羈絆吧。

左｜ 非洲野犬除了又大又圓的耳朵，白色尾巴也極具特色，所有個體的尾尖都是白的。大約在中段部分呈現黑色，尾巴根部則介於樸素的橙黃色至淡褐色之間。比起鬣狗，牠們的體型更接近豺一些。具有味道強烈的獨特體臭，據說過了出生後第1天就會開始散發。雌犬比雄犬稍微小了點，雌性體長85～139cm、尾長31～37cm、體重18～27kg；雄性體長93～141cm、尾長32～42cm、體重21～35kg左右。

攝影地｜南非（夸祖魯－納塔爾省坦達野生動物園）
攝影者｜ Marleen Bos

右｜ 大大的圓耳長達12cm以上，用於與同伴溝通以及調節體溫。從鼻子到眼睛的臉部呈現黑色，稍短且結實的吻部令人聯想到鬣狗，不過仔細觀察便會發現牠們個個身材苗條，身姿與容貌也威風凜凜。為了長距離追蹤獵物，四肢也生得修長。體色以樸素的黃橙色至淡褐色為底，混雜了白色與黑色的斑狀花紋。這副略顯花俏的打扮也成了學名的由來，意指「彩色的狗」。花紋會因為個體差異而有很大的變化，據說有時也會罕見地誕生外觀近似純黑色、純橙色的個體呢。剛出生不久的寶寶其體毛呈現黑白雙色。

攝影地｜波札那（利尼揚蒂保護區）
攝影者｜ Shem Compion

上｜ 追逐的非洲野犬

花豹死命地奔逃。在後方以驚人速度追趕牠的是一隻非洲野犬。單靠一隻非洲野犬是沒有辦法挺身對抗花豹的，所以後方還有一大群同伴助陣。不同於貓科等動物，非洲野犬並沒有特定的地盤，一直以來都是過著一邊移動一邊尋找獵物的生活。廣大的棲息地是生存所需，也因此有時會與其他肉食性動物發生衝突。

攝影地｜辛巴威（萬蓋國家公園）
攝影者｜ Eric Baccega

下｜ 奔逃的花豹

被逼到絕境的花豹死命地攀住樹幹，雖然很想逃走，底下卻有非洲野犬緊盯著自己。在那之後，野犬群的援軍也抵達了，不過花豹已經想辦法爬到樹上去了。

攝影地｜辛巴威（萬蓋國家公園）
攝影者｜ Eric Baccega

上｜怯懦的非洲野犬

非洲野犬群正在對鼬科動物蜜獾發動攻擊。在非洲肉食動物當中狩獵成功率最高的就是非洲野犬，高達了80%，有時就連獅子都能殺死的牠們，如今卻對對方臭氣沖天的一擊謹慎防範著，甚至還有點退縮。反觀蜜獾一點也不害怕。蜜獾又被稱做「世界上最無所畏懼的動物」，就連獅子也不太敢招惹牠們。這是因為蜜獾背部有鬆垮的特殊皮膚，當被掠食者咬住脖子時，牠們能夠反過來攻擊對方。

攝影地｜波札那（北部）
攝影者｜Suzi Eszterhas

下｜剛強的非洲野犬

一隻非洲野犬咬住了疣豬的鼻尖，隨即族群的同伴們蜂擁而上啃咬柔弱的腹部。非洲野犬屬於完全肉食性動物，喜食新鮮的肉。牠們絕對不會像郊狼或胡狼那樣去吃腐肉。總是把獵物生吞活剝的形象容易讓人覺得牠們是種殘暴的動物，不過那無非就是非洲野犬的食性罷了。

攝影地｜波札那（北部）
攝影者｜Suzi Eszterhas

以時速 50km 狂奔 5km 的長距離短跑運動員

非洲野犬的狩獵相當驚人。一開始先將獵物引離族群使其落單，接著由十幾隻的群體縱向排成一列全速追獵。第一隻野犬負責全神貫注地直線追擊，如果獵物做出了改變方向等動作，跟在後方的第二隻野犬就會沿著對角線這條最短距離筆直前進、包抄獵物。等到其中一隻野犬咬住其四肢或尾巴，拖慢獵物的速度之後，所有成員就可以一鼓作氣群起圍攻，趁獵物一息尚存之際咬破腹部、拖出內臟大快朵頤。作戰計畫傑出而精彩，卻也令人寒毛直豎。

之所以能夠成功執行這樣的狩獵模式，除了非洲野犬高度的溝通能力之外，也跟牠們的身體能力之高有關。據

說非洲野犬能夠保持時速約50 km一路狂奔5 km左右呢。還有短胖結實的吻部、尖銳的裂肉齒用來確實擊殺獵物，不會讓奔跑的辛勞白費。

除此之外，一般認為非洲野犬的各個族群也具有將自家人狩獵技巧傳承給下個世代的習性。之所以會如此斷言，是因為大多數非洲野犬群沒有辦法狩獵巨大的斑馬，但是人們卻發現有些族群代代皆為狩獵斑馬的常勝軍。能夠將後天習得的技術在族群裡薪火相傳，除了人類以外幾乎找不到其他動物了，這顯示非洲野犬具有極高的智力。

右｜ 滿是黑色斑紋的個體從河上飛奔而過。非洲野犬喜歡莽原環境，以草原、半沙漠等地區為家，不過叢林就不在牠們考量之內了。過去經常可以在山岳地帶見到非洲野犬的身影，有紀錄顯示牠們曾經在吉力馬札羅山海拔5,000m的地帶現蹤。

攝影地｜南非（馬拉馬拉野生動物保護區）
攝影者｜Christophe Courteau

左｜ 年紀尚輕的個體在川邊戲水、奔跑。雖說是小孩子，動作卻充分展現出了非洲野犬的勁道與活力。非洲野犬平常是以時速10km上下的步調輕鬆快走，在路上尋覓獵物，可一旦發現獵物之後就會用最高時速66km的速度展開追擊。牠們的活動範圍相當寬廣，有400～600平方公里。

攝影地｜波札那（利尼揚蒂保護區寬多潟湖（Kwando Lagoon））
攝影者｜Shem Compion

連獅子都能打倒的非洲野犬VS陸地上最大的動物

非洲野犬雖然體型偏小，卻勇於挑戰大象、獅子等動物。

在一支影片中，拍下了十幾隻的非洲野犬群想要攻擊小象的場景，對手是由一對母子象再加上另一隻大象所組成的象群，畫面上可以看到非洲野犬不疾不徐地打量著距離，試圖把小象從3隻象群中擄走的模樣。母象察覺到對方的意圖，一邊揮舞著鼻子一邊發出小號般的巨大聲音，做出驅趕的動作。體型相差太大的非洲野犬對此束手無策只能往後退縮，不過當象群開始行進時，野犬群又躡手躡腳地再度靠近。想當然耳，又再一次被大象驅離。這個過程重複了好幾次。

在這支影片的最後，由於大象與其他有數隻成員的象群會合，非洲野犬只能果斷放棄，不過非洲野犬對狩獵的執念從此廣為流傳。不光只有大象，有時候牛科動物牛羚也會成為非洲野犬下手的目標，據說狩獵這類大型動物的成功率甚至高達了80%。除此之外，牠們有時也會接近並驅趕剛打完獵的獵豹，搶走對方手中的獵物。

非洲野犬在狩獵時展現的勇猛，其實在族群裡的生活中也隨處可見。尤其特別明顯的地方在於跟育兒有關的紛爭。

雄犬會待在自己出生的族群，不過雌犬卻會從其他族群遷移過來。由此建立起一個雄性、雌性皆有複數隻個體的族群，不過據說其中能夠繁衍後代的雌犬一般只會有1隻，也就是族群中地位最高者。

話雖如此，有時候也會遇到位居第二的雌犬產崽的情況，此時兩邊的雌性就會因為幼犬展開激烈的爭鬥。一隻雌犬銜住小孩的頭，另一隻雌犬叼著下半身不肯鬆口，雙方互相拉扯的結果常常讓小孩因此喪命。

但也不能把原因通通歸咎於小孩經常夭折。儘管非洲野犬是強大的獵人且似乎無所畏懼，牠們在IUCN紅色名錄上依舊被列為「瀕危（EN）」物種。其中一個原因跟棲息地減少有關。非洲野犬過著一邊尋找獵物一邊在廣大範圍內移動的生活，卻受到人口增加造成自然環境破壞加劇的影響，使得生活圈被侷限住導致生存變得更加不易。除此之外，因為襲擊家畜而被人類驅除、被人類的家犬傳染狂犬病及犬瘟熱這類傳染病等因素，引發整個族群毀滅的案例也是多不勝數，讓個體數減少的速度更快了。

如今，估計棲息總數已經低於7000隻了。

右｜大象才不可怕呢

巨大非洲象當前卻未露一絲恐懼之情，甚至與之對峙的非洲野犬群。據說只要牠們集結成群，除了人類以外幾乎沒有任何動物能夠與之匹敵。正因為族群之間的羈絆深厚，才有辦法攻擊並捕食比自己還要大的獵物。平常捕食的對象是大約50kg重的羚羊，不過偶爾也會襲擊重達200kg的非洲水牛等。

攝影地｜辛巴威（馬納波爾斯）　攝影者｜Tony Heald

左｜一肚十子的多產王
天敵只有人類而已！

狩獵歸來，一邊警戒四周一邊給孩子們哺乳的母親。非洲野犬通年皆可生產，高峰期是在獵物較多的雨季後半期。懷孕期60～80天，生產數通常是7～10隻（最高紀錄有到21隻）。剛出生的寶寶體重400g左右，約莫3週大時會睜開眼睛。10～12週大左右斷奶。幼犬到了出生後半年就會開始參加狩獵活動，14個月大時即能發揮與成犬並駕齊驅的力量。

攝影地｜波札那　攝影者｜Jami Tarris

非洲野犬的分布

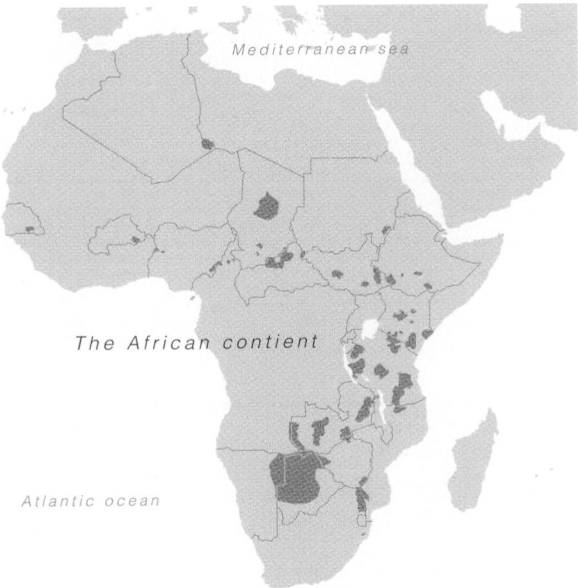

DATA

中名	非洲野犬
英名	African Wild Dog
學名	*Lycaon pictus*
保育	IUCN紅色名錄──瀕危（EN）
體重	17～36kg
頭體長	76～112cm
肩高	61～78cm
尾長	30～41cm

黑背胡狼

黑背胡狼的棲息地分別位於非洲東部及南部，照片拍攝地為薄暮冥冥的南部，主角是一隻漫步於於波札那大地上的雌黑背胡狼。雄性與雌性在外形上幾乎沒有差別，纖細的身體加上修長的四肢，還有一對大大的三角形耳朵。不過，南部的雌性比雄性還要小隻，體重輕了1kg左右。正如其名，黑背胡狼的背部覆有黑毛。在這片從肩至腰、形似馬鞍的黑毛上，混雜了許多近似銀色的白毛。從頭到身體、四肢，介於紅褐色至黃褐色之間的體毛分界相當明顯。喉嚨、胸部、腹部的顏色明亮，呈現沙色到白色之間。毛茸茸的尾巴尖端為黑色。

攝影地｜波札那
攝影者｜ Klein & Hubert

上｜ 花田的胡狼

從漫山遍野的鮮黃蒺藜中穿梭而過的黑背胡狼。將頭低下的牠，似乎在追蹤獵物的氣味。黑背胡狼的棲息地十分寬廣，從都市郊外到沙漠都能發現其蹤跡，不過據說牠們基本上喜歡灌木叢生的森林。相對於棲息區域有所重疊的亞洲胡狼會在草原上現身，黑背胡狼出沒於茂密的森林，側紋胡狼則現蹤於廣闊的森林，各自的棲地劃分得很明確。活動的時間帶也能夠因應環境改變，在有人類定居的地區是夜行性，在國家公園這類保護區則是晝行性。尤其是待在農業地區的胡狼，比較容易遭到人類迫害。

攝影地｜納米比亞（埃托沙國家公園）　攝影者｜ Tony Heald

下｜ 海邊的胡狼

彷彿占據了整個海岸線的非洲毛皮海獅或躺或臥著。十字岬以身為世界上最大的海狗棲息地聞名於世。海岬一帶被劃為國家公園以保育生態，是10萬至20萬隻海狗們的樂園。黑背胡狼佇立在海狗群旁邊，帶著不知道在想什麼的表情。可以確定的是牠在尋找對海狗下手的機會。黑背胡狼對環境的適應性很高，甚至能夠配合棲息地改變自己的食性。雖然牠們是什麼都吃的雜食性動物，不過糞便分析的結果顯示，在波札那是昆蟲占了5成以上，在南非則是哺乳類占了三分之二以上等等。在這個地方，黑背胡狼的主食以海狗屍體及小海狗為大宗，還有海鳥及其鳥蛋、魚類、貝類等海洋生物。

攝影地｜納米比亞（十字岬自然保護區）　攝影者｜ Chris Stenger

不過，牠們真的喜歡森林嗎？

非洲繁榮一時的古文明馬蓬古布韋不僅榮登世界遺產，同時也是一座保育野生動物的國家公園。在夏天廣闊的草原上，可以看到黑背胡狼美麗的神情。準備在巢穴裡育兒的季節將至。巢穴可以自己挖掘，也可以將白蟻的蟻丘、土豚棄置的巢穴拿來再利用，使用岩縫也行。一夫一妻制配偶之間的關係非常緊密，會長期合作狩獵、公平地分配食物，並由夫妻或家族共同養育後代。

攝影地｜南非（馬蓬古布韋國家公園）
攝影者｜ Neil Aldridge

社會性最發達的聰明胡狼

說到胡狼當中最具代表性的種類就是廣布於世界各地的亞洲胡狼，不過若論社會性與聰明程度的話，據說是棲息在非洲大陸南部及東部的黑背胡狼更勝一籌。

若從第100頁介紹過的有「幫手」（長大成熟之後依舊留在家族群體裡幫忙照顧弟弟妹妹的個體）輔助的育兒模式來看，實行得最為徹底的種類也是黑背胡狼。沒有幫手的黑背胡狼配偶平均只能養育1隻幼崽，不過當有1隻幫手協助照顧時，有時候甚至可以養大3隻幼崽。有研究結果顯示，每增加1隻幫手，家族的繁殖成效就增加了1.7隻，這個數據比亞洲胡狼等其他種類還要高。

黑背胡狼高度發達的社會性在各種情境下都能觀察到。像是互相合作進行狩獵、食物共有制度，乃至於配偶長期維持彼此關係、地盤也是長期固守一個地方等等。而且配偶還會互相幫對方理毛。此外，雖然配偶之間始終保持彼此友好的關係，但對配偶以外的對象則是採取一種好戰的態度，區別可說是相當明顯。

附帶一提，在南非納塔爾省的龍山上觀察到的黑背胡狼社會，是由四種類型的成員所構成。也就是維護地盤的配偶、該配偶的小孩、尚未性成熟的幫手，再加上無關地盤四處流浪的個體。據說構成成員的比例概略而言，25％是配偶、25％是出生後未滿1年的小孩、剩下的50％則是沒有繁殖的成年胡狼。

牠們的社會性有多高，也可以從溝通用的叫聲種類之多推論得知。低吼聲、哀戚的叫聲、吵鬧的喊叫聲、吠叫聲、尖叫般的聲音、嚎叫聲……各有各的不同之處。舉例來說，要互相聯繫時就會使用「吭嗯、吭嗯」這種像是在驚叫的聲音。似乎會因應場面及狀況分別使用不同的叫聲。

黑背胡狼屬於雜食性動物，對任何食物來者不拒。除了靠自己狩獵來獲得獵物之外，也會吃獅子、豹等大型肉食動物吃剩的獵物屍體。

在南非的黑背胡狼還會去襲擊家畜，也因此被人們厭惡。或許是因為這個緣故，基本上屬於黎明性（matutinal）動物的牠們在有人類的地區反而成了夜行性。此外，有時也會因應某些情況轉變成晝行性，這種靈活應變的能力似乎也可以算是野生胡狼的特徵之一。

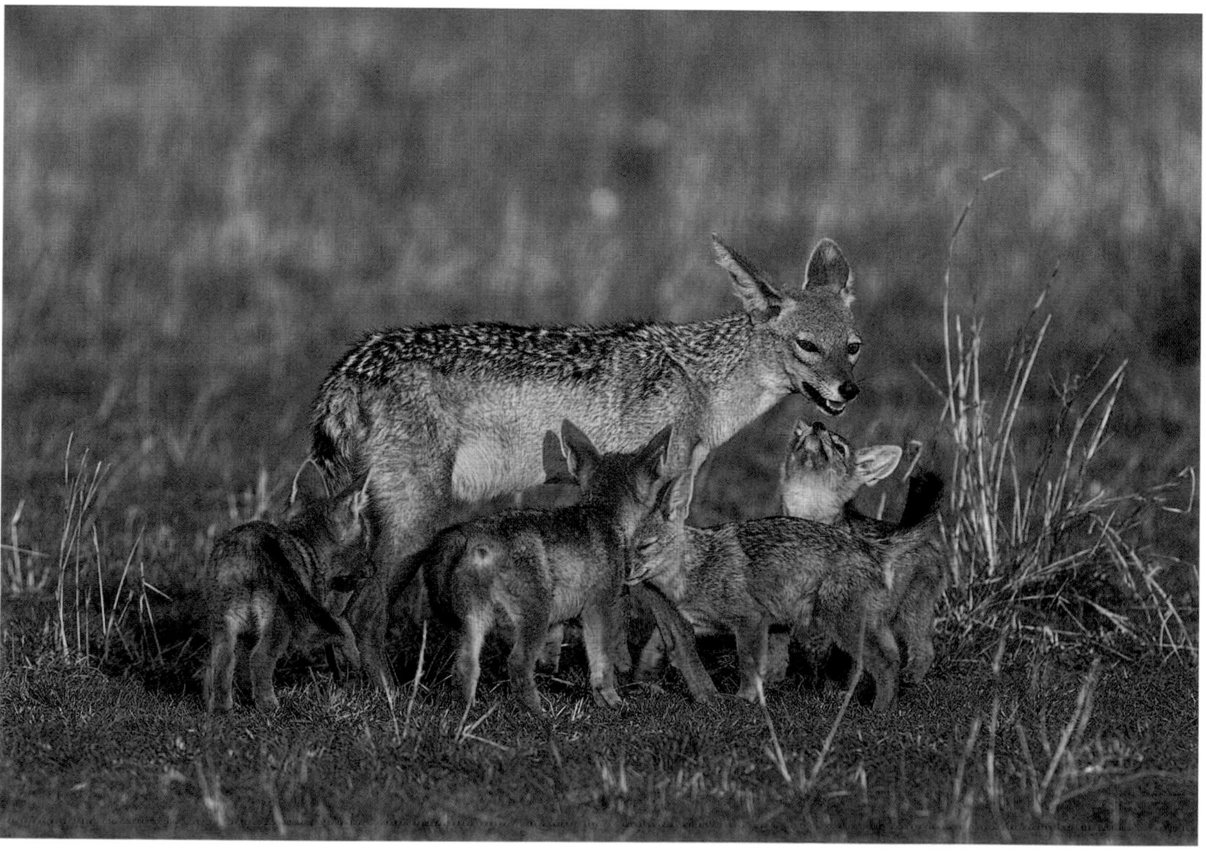

兄姊幫手相挺， 安心育兒

出生後6週大的小狼正在跟母親撒嬌、討要食物。斷奶正好在這個時期至出生後8週之間，所以小狼差不多到了想嚐嚐半消化肉塊是什麼滋味的時候。小孩磨蹭大人吻部的動作不是在討要肉塊，就是在嗅聞母親味道確認親子關係的行為。黑背胡狼典型的家族結構為雙親及孩子，再加上幫忙育兒、去年誕生的兄姊們。這樣的角色稱為幫手，累積育兒經驗之後就會離群獨立。母親的懷孕期為60天，會在8～9月時產下約4隻幼崽，最多可以到9隻。小狼到了出生後6個月大左右即可出外狩獵，11個月大時達到性成熟。

攝影地｜肯亞（馬賽馬拉國家保護區）　攝影者｜Suzi Eszterhas

高度溝通能力

在牠舒服地伸個懶腰時，可以看到背部的黑色與體側的褐色清楚分成兩個區塊。黑背胡狼在溝通時會使用各式各樣的叫聲。互相聯繫時所用的「吭嗯、吭嗯」聲也是其中之一。牠們也會發出低吼聲、像狗一樣「汪、汪」的吠叫聲，還有像狼及郊狼那樣嚎叫。因應各式各樣的場合，分別使用不同的叫聲。據說這樣的溝通能力是胡狼類動物當中最為發達的。

攝影地｜肯亞（索利歐牧場（Solio Ranch））
攝影者｜Tui De Roy

黑背胡狼的分布

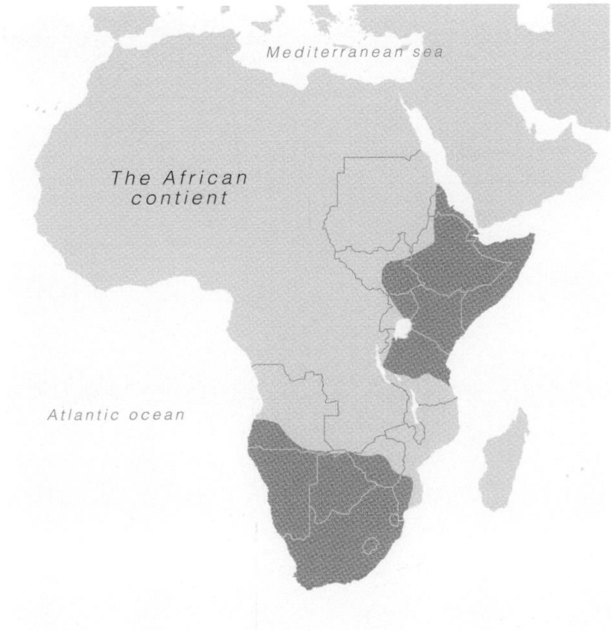

DATA

中名	黑背胡狼
英名	Black-Backed Jackal／Silver-Backed Jackal
學名	*Canis mesomelas*
保育	IUCN紅色名錄——無危（LC）
體重	6～13.5kg
頭體長	68～74.5cm
肩高	38～48cm
尾長	26～40cm

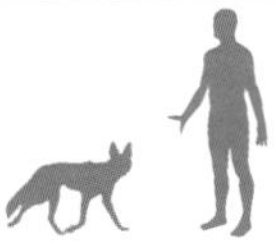

側紋胡狼

使用只有家人才聽得懂的叫聲

有「胡狼」之名的4種犬科動物當中，最後介紹的種類就是側紋胡狼（阿比西尼亞胡狼以「衣索比亞狼」之名登場）。正如其名，側紋胡狼的側腹上有呈水平方面延伸的白黑色條紋，與其他胡狼相比牠們的耳朵偏短，吻部則胖嘟嘟的跟狼很像。

側紋胡狼分布於非洲大陸中南部，在主要分布區域之一的東非，牠們的棲息範圍又跟亞洲胡狼及黑背胡狼有所重疊。話雖如此，這三種胡狼生活的環境不盡相同。

已知與其他兩種胡狼相比，側紋胡狼更喜歡濕潤且植物叢生的地方，但是牠們被觀察的頻率較低，所以在生態方面人們對側紋胡狼的了解並沒有像其他兩種那麼詳盡。相對於其他兩種待在更為寬闊的草原等環境，側紋胡狼的棲息地樹木較多、觀測不易，似乎也是對其所知甚少的原因之一。

此外，側紋胡狼的肉食傾向比其他胡狼都還要弱，更偏向於雜食。牠們會因應環境及季節改變攝食習慣，以屍體、昆蟲、果實及植物、鳥、鼠類、爬蟲類為食，人為飼育之下的個案也會吃香蕉或米。據說雖然側紋胡狼也會吃家畜，但牠們只對已經死亡的對象有興趣，並不會主動獵殺活生生的家畜。

附帶一提，狩獵活動可能是單獨、成對的配偶、或是帶著孩子的家族群體一同進行。目前還不確定側紋胡狼是否就跟其他胡狼一樣有全員育兒的習性，並且能夠因應狀況改變狩獵的模式。據說側紋胡狼的各個家族都有一套自己人的暗號，會發出只有家族成員才能辨識的特定叫聲，從這個特性也能夠看出牠們家族之間的羈絆有多麼深厚。

側紋胡狼與黑背胡狼具有近緣關係，基因顯示兩者在至少２００萬年前就各自進行演化了。在那之後，其中一方的背部變成了黑色，另外一方的身上則多了橫向的條紋。目前還不知道這種紋路上的差異究竟代表了什麼。

左｜ 喜歡水邊及濕地

位於波札那喀拉哈里沙漠，世界上最大的內陸三角洲（delta）。在歐卡萬哥濕地地帶東側的莫雷米，據說是非洲屈指可數的美麗野生動物保護區。喜歡水邊及濕地的側紋胡狼母子，在大沼澤地旁的草叢裡放鬆休息。波札那位於非洲南部，所以住在這塊土地上的側紋胡狼繁殖期為6～7月。懷孕期8～10週，通常會產下3～4隻幼崽，最多可以到7隻。不過，沒有幫手輔助的胡狼平均只能養育1隻幼崽。不曉得這位母親的小孩還有幾隻健在呢？

攝影地｜波札那（歐卡萬哥三角洲莫雷米野生動物保護區）
攝影者｜ Richard Du Toit

右｜ 位於體側的白線與黑線

在當地馬賽語中，塞倫蓋提意指「無邊無際的廣闊平原」。牠威風凜凜地站著，站在坦尚尼亞西北部草原一座隆起的小丘上。比起成雙出入、結伴成群，側紋胡狼似乎更常自己一個人待著。牠們身材矮小，耳朵又小又圓，四肢也偏短。頭部纖細勻稱，不過吻部相當寬大。雖然具備胡狼特有的褐色系，但是整體偏灰。最大的特徵就是位於體側的白線，同時也是名字的由來。下方還有一條黑線，看起來更加顯眼。雖然側紋胡狼不像其他胡狼那樣頻繁鳴叫，但是牠們會發出只有自家人才能辨識的特別叫聲。

攝影地｜坦尚尼亞（塞倫蓋提國家公園）　攝影者｜ Mary McDonald

側紋胡狼的分布

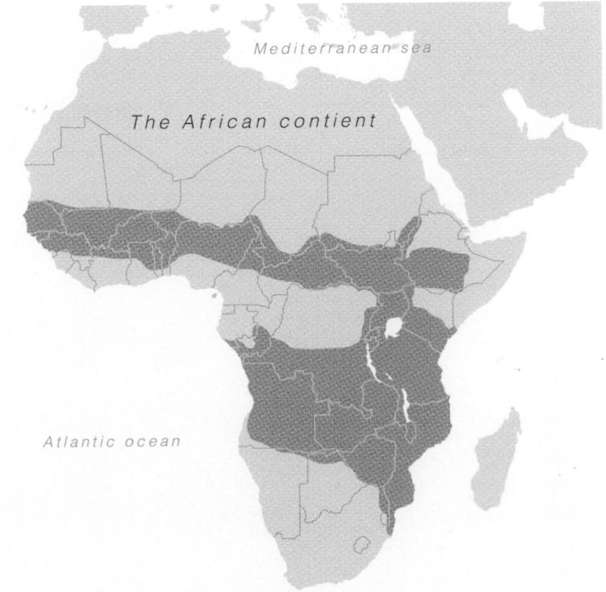

DATA

中名	側紋胡狼
英名	Side-Striped Jackal
學名	*Canis adustus*
保育	IUCN紅色名錄——無危（LC）
體重	6.5～14kg
頭體長	65～81cm
肩高	41～50cm
尾長	30～41cm

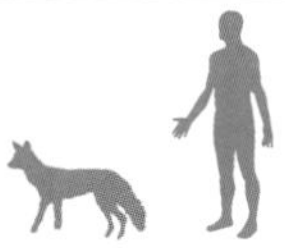

南美的野犬

Part 4 — South American Clade

在遠古自然的孕育下成長
獨自演化的野犬們

很久以前，這片大陸因海而與世隔絕
太古以來的生物曾經棲息於此
遙望3億年來的孤獨
發展出了特異的演化
奇形怪狀的生物群相繼誕生
野犬的眾祖先
既沒有變成狼，也沒有變成狐狸

位於巴西中央的廣大莽原氣候區塞拉多（灌木草原地帶）。廣闊無邊的熱帶草原上，可以看到禾本科植物高挺的草葉生得茂密、枝幹扭曲的灌木零星散布。夜行性的鬃狼將聽覺敏銳的大耳高高豎起，開始了巡視地盤的工作。雖然鬃狼為一夫一妻制，卻老是單獨行動。牠們很少成對一起活動，巡邏也是獨自進行。鬃狼的四肢修長、身高挺拔，一眼望去便能看清遠方的風景。夕陽緩落，沐浴在陽光下的牠於長草之間邁開大步，小心翼翼地向前進。黑色的腳尖彷彿融入了黑暗當中。因為每晚都用寬闊的腳掌在巡視路線上踩踏草地的關係，已經形成一條小徑了。牠會在這條路徑上、白蟻巢上做記號——撒幾泡臭味強烈的尿液及糞便，藉此宣示地盤的界線。

攝影地｜巴西（米納斯吉拉斯州卡納斯特拉山脈國家公園）
攝影者｜Tui De Roy

鬃狼

擁有世界 最美腿的野犬

掛著一副惴惴不安的神情，一邊警戒四周一邊步行的南美最大野犬。彷彿穿了黑色絲襪的四肢又美又長。也因為這樣，肩膀的位置偏高。雖然名字當中帶有一個狼字，但也有人說鬃狼的顏色及身形就像赤狐一樣。不過，牠們在演化系統的分類既非狼亦非狐。鬃狼為1屬1種，是世界上獨一無二的存在。長而美麗的紅褐色毛髮有個特徵──不管是跟狼（第20頁）、赤狐（第184頁）還是任何一種犬科動物相比，鬃狼毛的觸感都是最柔軟的。不過，因為住在熱帶地區的關係，牠們沒有下毛。尾巴稍微短了些，尾尖呈現白色的鬃狼也很常見，但是具有白色尾尖的個體僅占44%，白色部分的長短也會受到個體差異的影響。即便像第135頁的照片那樣從正面觀看，鬃狼的身材也比狼（第4頁）或赤狐（第186頁）更加苗條、俏麗。四肢有三大特徵：修長、腳尖為黑色、腳底寬闊。牠們的肉球就跟腳尖一樣呈現黑色，而且中間兩根趾頭的肉球根部相連，能夠橫向伸展腳底。只要讓觸地的腳掌面積變大，就算碰上高草橫生的潮濕地面依舊可以安穩地步行、奔跑。

攝影地｜巴西（皮奧伊州）　攝影者｜Sean Crane

既非狼，亦非狐

用微微仰望的動作稍微抬起臉的話，與狼倒有幾分相似。不過，鬃狼的那雙三角形巨耳總是比狼或赤狐大上許多。直挺挺地豎立時有17 cm長呢。長長的耳朵、硬挺的黑鼻，再加上位於喉部的眉月形白色花紋，都是鬃狼臉部的特徵。這對大耳在溝通時也能派上用場，豎起耳朵的動作是在向同種的對方宣示自己地位比較高。垂耳的動作則是代表服從或恐懼。不僅功能超群，聽覺也很敏銳。

攝影地｜巴西（潘特納爾濕地）
攝影者｜Frans Lanting

大大的耳朵對小動物發出的聲響特別敏感。迅速安靜地接近之後，以伸直雙腳的姿勢撲向目標。突襲隱匿於草木之間的齧齒類動物巢穴。當鬃狼撲向小型獵物時，會展現犬科動物獨特的姿勢。將前腳彎曲併攏，耳朵朝向前方。不過，稍微有點不一樣就是了。相對於赤狐或胡狼將身體彎成弓形，僅直尾巴進行攻擊（第187頁），鬃狼採取的動作是伸展身體，尾巴則接近垂放狀態，可能是因為四肢太長的緣故。至於那些也是名字由來的焦褐色鬃毛，在興奮時倒是倒豎起來了。鬃狼會咬住獵物脖子至脊椎骨附近的要害，給予致命一擊。牠們屬於雜食性動物，老鼠、犰狳、鳥、蜥蜴、兩棲類、蝸牛、昆蟲等什麼食物都吃，擅長隨機應變，不過最愛的野味還是一種體重8kg左右、名為無尾刺豚鼠的大型鼠類。糞便調查結果顯示，水果占了一半以上，其中又以狼果（Lobeira）最多。俗稱「狼果」的這種果實具有獨特的苦味，所以只有鬃狼吃得下去。據說牠們之所以吃果實是為了身體健康，狼果肉有助於驅除寄生於腎臟等處的腎蟲。或許是因為這樣，過去在人為飼育下只以肉類餵養，導致鬃狼的腎臟及膀胱出現結石。

攝影地｜上下皆為：巴西（米納斯吉拉斯州卡納斯特拉山脈國家公園）
攝影者｜上下皆為：Tui De Roy

雖然雄性不是奶爸，還是會送食物過去

大型的鬃狼棲息在巴西及其鄰國玻利維亞、巴拉圭、阿根廷等地，是南美大陸犬科動物的代表。雖然名字裡有個「狼」字，但是鬃狼不論在外表還是生態上都與赤狐（第184頁）較為相似。話雖如此，牠們在演化系統的分類上依舊不同於狼或狐狸。

說到鬃狼最大的特徵，便不得不提那四肢修長、有「犬科動物界模特兒」風範的苗條身材了。過去一般認為，那副格外修長的四肢是為了能夠快速奔跑的適應結果，但實際上鬃狼並沒有因此跑得特別快。不如說是因為牠們住在高草橫生的草原，腳長是對該環境的適應結果，這樣想還比較合理才對。

此外，鬃狼基本上是單獨行動。雖然會在一夫一妻的制度下與另一半共結連理，但是牠們在繁殖期以外的期間幾乎不會處在一塊。夫妻倆平常各過各的，雙方分別保持30平方公里左右的地盤互相為鄰的樣子。要維持修長的四肢與高挑的身體需要很大的能量，若從這一點去思考的話，或許也可以說是為了確保個體單位有充足食物所發展出的適應結果也說不定。

只不過，在人為飼育的案例中，卻觀察到了雄鬃狼在雌鬃狼生產後照顧孩子的模樣。像是吐出食物餵給小孩吃、幫小孩理毛等等。究竟在野生狀態下的情況又是如何，由於觀察例子過少至今仍無法清楚了解，但也讓人們開始思考更多可能性——或許雄鬃狼就如人為飼育下那樣，會做出超乎人們想像、不同於平常單獨模式的舉動，在育兒方面扮演著重要的角色也說不定呢。

鬃狼的獵物以鼠類、兔子、犰狳等小型動物為主，單獨狩獵便足矣。牠們在狩獵時所使用的躡足接近再一躍而起的方法與赤狐非常相像。

此外，由於牠們會襲擊雞等家畜的關係，在某些地區鬃狼被視為害獸、成了人們驅除的對象；另一方面，也有傳說這種狼的體內含有藥效成分，因此在某些地區盛行食用鬃狼肉來治病。這些情況也引人遐想，在對殺害這種美麗動物的行為給予肯定的背後，是不是有什麼人類複雜的意圖在作祟呢。

近年來，因為灌木或草原被改為農地，導致鬃狼的棲息地被壓縮、或因交通事故而亡，使得這種狼的個體數逐漸減少，無論從哪方面來看似乎都無法抹滅人類就是牠們最大威脅的事實。

正在散步的鬃狼母子。小鬃狼的體色很淡，鬃毛還沒有長出來。雖然黑襪子已經清晰可見，四肢依舊短小。等到出生後數個月之後腳就會慢慢變長了。斷奶在出生後4個月大左右，家長會撫養小孩將近1年的時間。直到1歲大以前，小鬃狼都會待在母親的地盤內生活。儘管出生後1年就會達到性成熟，參加繁殖活動卻是出生後第2年以後的事了。

攝影者｜Terry Whittaker

差不多到了立耳之時，小小的探險正要展開

出生後34天的寶寶。身體偏黑，尾尖則是白色。出生後8～9天眼睛就會睜開，所以有一雙水汪汪的大眼。雖然耳朵還是處於下垂的狀態，不過在出生後1個月大左右時就會立起來，所以也差不多是時候了。牠的表情充滿好奇，想要去附近散散步。體毛再過1個月左右就會轉成淡紅褐色。母親的懷孕期為62～66天，會於6～9月時在地上巢穴產下1～5隻幼崽，最多可以到7隻。巢穴就築在能夠隱身的場所，像是高草叢生之地、草叢等。

攝影地 | 巴西　　攝影者 | Tui De Roy

鬃狼的分布

DATA

中名	鬃狼
英名	Maned Wolf
學名	*Chrysocyon brachyurus*
保育	IUCN紅色名錄——近危（NT）
體重	20～23kg
頭體長	100～132cm
肩高	72～90cm
尾長	30～45cm

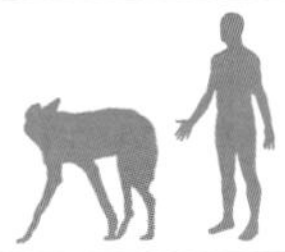

就好像臘腸犬身上生了一張小熊的臉，藪犬的外表實在讓人想不到牠們是一種犬科動物。不過，就如名字當中出現的藪（bush）字，這副身體最適合在灌木及樹叢之間穿梭自如了。藪犬的毛皮粗糙，毛色介於褐色至暗褐色之間，頭部及後頸的色澤則稍微亮了些。四肢及尾巴幾乎都是黑的。與配偶或家人待在一起時發出的高亢「噼──噼──」聲相當可愛，成犬會頻繁地交互鳴叫以便在視線不良的棲息地彼此聯繫。

攝影者｜Anthony Wallbank

藪犬

最原始的犬是臘腸犬型態

據說現存於世界上的犬科當中，最原始的動物就是廣布於南美大陸北側大半個地區的藪犬了。除了那身長腿短、像臘腸犬一樣的外貌之外，又圓又小的耳朵與短胖的吻部也十分獨特。

不只外表，就連動作舉止也是特立獨行。藪犬游泳及潛水的功夫厲害到會讓人懷疑牠們根本就是水生動物，趾縫間也有長蹼，每當獵物逃入水中便緊追在後加以捕獲。而首當其衝的對象就是比自己還要大的無尾刺豚鼠、水豚等大型鼠類，據說在狩獵的時候，還有分成成群將對方趕入水中、負責在水中追獵的角色，以及防止獵物逃回岸上、在陸地上把風的角色。或許是為了日後能夠順利進行這樣的合作狩獵，藪犬還有個特徵是牠們從小到大都不會因為食物與同伴產生爭執，總是彼此和睦地分食獵物。附帶一提，藪犬屬於肉食性動物，經常獵食小型哺乳類及鳥類。

藪犬在陸地上同樣可以展現靈活無比的動作。尤其特別罕見的一點，就是牠們連後退的動作都能用跟前進時相去無幾的速度狂奔。一般認為，這大概是因為藪犬白天大多待在巢穴裡生活，一旦有外敵來襲就必須在方向不變的狀態下逃跑，才會發展出這種適應能力。而更讓人驚訝的，還有牠們用尿液做記號時擺出的姿勢。竟然是倒立著排尿呢！據說不只有雄性會出現這種舉動，生過小孩的雌性也會單用前腳撐地倒立，朝樹木等處撒尿。

不管是外表還是舉動，這些獨有的特徵都非常出名，但也因為藪犬是在靠近水邊的樹林等地活動且於夜晚出沒，所以在野外觀測到的案例極少。

不過，據說從1990年代中葉開始，要在野外發現藪犬變得更加困難了。在1970年代，除了森林破壞特別嚴重的地區以外，可以確定牠們在棲息地過著穩定的生活。不過自從進入1980年代以後，人口增加、森林砍伐等問題日益加劇，造成藪犬的個體數明顯減少了許多。到了21世紀後這個傾向也沒有減緩的趨勢，估計12年內就少了20～25%。

藪犬的分布

DATA

中名	藪犬
英名	Bush Dog
學名	*Speothos venaticus*
保育	IUCN紅色名錄——近危（NT）
體重	5〜7kg
頭體長	57〜75cm
肩高	約30cm
尾長	12〜15cm

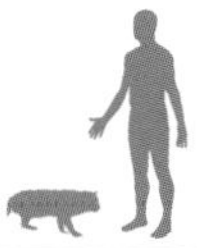

上｜ 呼喚母親的孩子們

呼喚母親的小藪犬們。不同於與狐狸等動物的小孩，幼年藪犬之間幾乎不會因為食物而爭鬥不休。這也可以說是一種成群狩獵的犬科動物的特徵，就跟小狼一樣會和睦進食。母親的懷孕期為65〜83天，通常會產下3〜6隻幼崽。父親會帶食物回家給哺乳中的雌犬吃。出生後4週斷奶，1年左右達到性成熟。

攝影者｜G. Lacz

下｜ 正如其貌像水獺一樣游泳

趾尖有蹼，會像水獺一樣游泳、潛水。也因為這樣，牠們喜歡靠近水邊的森林周邊、低地的潮濕森林。藪犬屬於夜行性動物，白天躲在樹洞裡或犰狳棄置的巢穴等處。

攝影者｜Daniel Heuclin

小耳犬

隱棲於密林深處
小耳朵的原始犬

身長腿短、耳朵又小又圓的特徵跟薮犬很像，不過小耳犬的吻部較長，臉部更接近犬科。耳長34～56mm，是犬科動物當中最短的。牙齒又長又粗。過去認為小耳犬會吃一點植物，以小型鹿類、西貒、老鼠、螃蟹、昆蟲等為食，不過在秘魯的調查結果顯示魚類占了將近3成，可作為牠們過著半水生生活一說的有力證據。

攝影地｜秘魯（秘魯的亞馬遜熱帶雨林坦博帕塔河流域）

體毛非常滑順，背部呈現帶灰的黑褐色，腹部則是混雜了紅褐色的各種灰色。背部正中央至尾巴有深色的紋路。四肢及尾巴偏黑，尾巴就像狐狸一樣毛茸茸的。

攝影者 | TOM McHUGH

小耳犬棲息在亞馬遜河上游海拔1000m以下的熱帶雨林裡。正如其名，小小的耳朵就是牠們的特徵。此外，已知小耳犬能夠像貓咪一樣躡足而行，而且體毛又短又滑、腳上長有像蹼一樣的器官。從這些特徵可以推測牠們具有在密林中無聲接近獵物加以捕獲的習性，而且入水生活的時間說不定很長。

只不過，由於小耳犬幾乎不曾在人們面前現蹤，所以目前仍無法掌握野外生態的實際情況。美國的動物園有相關飼育案例，據說雄性對人非常溫馴，經常想跟親近的人類一同玩耍；反觀雌性，不管對什麼人都會釋出敵意，時常發出低吼聲等等。

話說回來，像耳朵這種身體末端部位，通常具有離極區越遠、離熱帶地區越近就會越變越大的傾向。那是因為身體末端偏大時，就可以發揮散熱器般的功能使熱能更容易散失，所以棲息在非洲沙漠的犬科動物聯狐才會有一雙碩大的耳朵。

儘管棲息在高溫南美的小耳犬耳朵很小，不符合上述的規律，但是也有人認為這可能是牠們住在密林裡的緣故，或許在演化成適合在平原上快速奔跑以前，原始犬的樣貌就是這個樣子也說不定。

小耳犬的分布

DATA

中名	小耳犬
英名	Small-Eared Dog／Small-Eared Zorro
學名	*Atelocynus microtis*
保育	IUCN紅色名錄——近危（NT）
體重	約9kg
頭體長	72～100cm
肩高	約35cm
尾長	25～35cm

食蟹狐

長得就像腿短的狐狸喜食螃蟹的犬

食蟹狐適應了各種環境，從莽原及其周邊的乾燥樹林一直到幽深潮濕的森林都是牠們的棲息區域。特徵是與其他犬科動物相比四肢較短，還有一副健壯的體格。似乎是演化成了待在森林下層也方便活動的模樣。

正如其名，食蟹狐喜歡吃螃蟹，但絕對不是什麼挑嘴的美食家。身為雜食性動物的牠們有什麼就吃什麼。脊椎動物從野鼠、蜥蜴、青蛙到鳥都吃，無脊椎動物則偏愛蚱蜢等昆蟲還有蝸牛。再加上蔬菜及水果、動物的屍體、人類的糞尿、美洲鬣蜥與烏龜的卵，通通來者不拒。不過，食性會因為季節而改變。相對於雨季主要以昆蟲、水果等為食，到了乾季反而會待在低地過著以各種脊椎動物與陸生蟹為主的飲食生活。

附帶一提，食蟹狐學名為Cerdocyon thous，據說其中的屬名Cerdocyon（食蟹狐屬）是源自於希臘語中有狐狸之意的kerdo再加上有狗之意的cyon，至於種小名thous則同樣源自於希臘語中指稱胡狼的字詞。

食蟹狐的分布

DATA

中名	食蟹狐
英名	Crab-Eating Fox
學名	*Cerdocyon thous*
保育	IUCN紅色名錄——無危（LC）
體重	6～8kg
頭體長	60～70cm
尾長	30cm

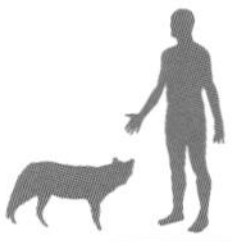

側臉跟胡狼也有幾分相似？

在半夜尋找獵物的食蟹狐。雖然日本稱之為食蟹犬（カニクイイヌ），不過英名跟中名一樣叫做食蟹狐（crab-eating fox），而牠們也的確像是某種腿短的狐狸。側臉的神情令人聯想到胡狼。體色是灰褐色，尾巴尖端、下顎及耳尖呈現黑色。後頭部至尾部的背上有條背線（沿著中線）帶黑，腹部則偏白。

攝影地｜巴西（馬托格羅索州潘特納爾濕地）　攝影者｜ Ben Cranke

夕陽沉落時，在巴西潘特納爾低濕地帶的莽原上尋找獵物的食蟹狐。屬於夜行性動物的牠們白天在地洞裡生活，於日落至半夜之間出外尋覓獵物。廣闊的草原上住著1隻或整個家族，配偶握有地盤。通年皆可懷孕，懷孕期52～59天，通常會產下3～6隻幼崽。小狐到了出生後6週大左右就會跟著雙親出外狩獵，不過斷奶還要等到出生後3個月大時。出生後5～8個月大時獨立，9個月大左右達到性成熟。

攝影地｜巴西（馬托格羅索州潘特納爾濕地凱門鱷自然保護區）
攝影者｜ Tui De Roy

高地狐

被稱做草原之狐
嬌小又膽小的犬

雖然體毛偏短、吻部也比狐狸還要短，不過高地狐就如其名有副近似狐狸的外貌。毛色整體帶灰，混雜著黃褐色的毛。四肢及耳朵帶紅，腹部的顏色則是淡淡的奶油色。沿著背部中線有條延伸至尾尖的暗色線，尾巴背面有黑線，尾腺上方有黑點。

攝影地｜巴西
攝影者｜Laurent Geslin

高地狐是一種體長約60cm、尾長約30cm，體重最多也只有4kg左右的小型犬科動物。雖然牠們在以巴西中部為中心的地區是相對常見的物種，但不知為何人們過去有很長一段時間幾乎都沒有對其生態進行調查。以前對高地狐的了解僅止於牠們大多棲息在名為坎波（campo，又叫巴西乾草原）的疏林草原而已。或許也跟人們厭惡高地狐襲擊家禽並視其為驅除對象有關。

不過到了20世紀末的時候，研究終於有所進展。調查結果證實了高地狐的一大特徵——牠們最重要的獵物似乎是白蟻。作為調查樣本的糞便當中有將近9成都含有白蟻。

此外，人們從以前就知道高地狐很膽小，而且是以犰狳巢穴等作為藏身之處，不過後期似乎有了嶄新的發現——當牠們要保護自己的小孩時也可以變得極具攻擊性。

英文名稱hoary fox當中的hoary是白色、銀色的意思，這可能是因為高地狐身上有一部分是白毛的關係。另一方面，日文稱之為紋尾犬（スジオイヌ），這個「紋尾」指的是在尾巴中央部分有條黑色紋路。而英名以fox結尾，也就是跟中名一樣取做狐狸。

英名、日名、中名關注的特色全然不同，姑且可以說這樣的現象若有似無地反映出了這種犬科動物有多麼難以捉摸吧。

雌性通常會在8月至9月產下2～4隻幼崽。生產時會利用犰狳等其他動物的巢穴。懷孕期約50天。斷奶在出生後4個月大左右。

攝影地｜巴西　攝影者｜Colombini Medeiros, Fabio

高地狐的分布

DATA

中名	高地狐
英名	Hoary Fox／Small-Toothed Dog
學名	*Lycalopex vetulus／Dusicyon vetulus*
保育	IUCN紅色名錄——無危（LC）
體重	3.6～4.1kg
頭體長	58～64cm
尾長	28～32cm

達爾文狐

乘著小獵犬號而來的達爾文
在奇洛埃島上發現的物種

英國地質學家兼生物學家達爾文在提出進化論的開端——搭乘小獵犬號的航海過程中，曾路經智利的奇洛埃島。達爾文狐被認定是他本人在島上發現的狐狸，所以才有了這個名字。達爾文曾言，當初在島上發現這種狐狸的時候，因為牠盯著人類看到入迷而被後方襲來的槌子給敲死了，讓達爾文覺得這種狐狸似乎是一種警戒心不怎麼強的動物。既然如此，或許沒有必要使用那麼殘忍的獵殺方式吧。

過去以來有很長一段時間都認為達爾文狐僅棲息在兩個地方——奇洛埃島、以及從該地往北６００㎞左右位於智利本土的納韋爾布塔國家公園。再加上個體數稀少的緣故，在ＩＵＣＮ紅色名錄上是將之歸類在「極危（ＣＲ）」等級，不過從２０１３年左右開始，才逐漸了解到其實在這兩處以外的地方也有達爾文狐棲息的蹤跡。也因為這樣，改變了至今以來人們推估最多也只有２５０隻左右的觀點，如今認為光是上述兩個地方就有至少合計６００隻尚存，至於紅色名錄的評估，也從２０１６年開始下降了一個瀕危等級，從「極危（ＣＲ）」變成了「瀕危（ＥＮ）」。

達爾文狐體長只有60㎝左右，四肢短、身體小，看起來非常可愛，不過據說因為牠們有時會襲擊家畜的關係，在當地經常遭到人類驅除。

右｜漫步在智利沿岸奇洛埃島上溫帶林中的達爾文狐。偽狐屬現有6種且全都棲息在南美，不過在分類學上比起狐狸牠們反而更接近於狗或狼，這點倒是與名字相反。達爾文狐是智利的特有種，根據觀察，在奇洛埃島上為晝行性且獨自生活，在本土則為夜行性且成對生活。牠們四肢偏短、體型矮矮胖胖，體毛是深灰色。四肢及耳朵有帶紅的部分。腹部為白色，下巴下方有白色花紋。尾尖一點也不白。

攝影地｜智利（奇洛埃島）　攝影者｜Kevin Schafer

左｜雖然達爾文狐屬於雜食性動物，但牠們經常捕食小型哺乳類。除了鳥、爬蟲類、家畜的屍體之外，在納韋爾布塔國家公園也喜歡吃智利南洋杉的種子。以岩穴等處作為巢穴生產，會產下2〜3隻幼崽。曾於10月捕獲哺乳中的雌狐，發現斷奶在2月左右。在這個時期，雄性的理毛行為（grooming）會增加，另一方面雌性則變得不怎麼照顧孩子。

攝影地｜智利（奇洛埃島）　攝影者｜Kevin Schafer

達爾文狐的分布

DATA

中名	達爾文狐
英名	Darwin's Fox／Chiloe
學名	*Lycalopex fulvipes*／*Dusicyon fulvipes*
保育	IUCN紅色名錄——瀕危（EN）
體重	雄性1.9〜4kg、雌性1.8〜3.7kg
頭體長	雄性48〜59cm、雌性48〜56cm
尾長	雄性20〜26cm、雌性18〜25cm

以巴塔哥尼亞粗野險峻的群山為背景，漫步於荒地的阿根廷狐。牠們原本就是喜愛平地的動物，不過為了尋求安全將棲息地擴及至了高山。話雖如此，隨著個體數驟減，要在高山看到阿根廷狐的身影不是那麼容易了。為了欣賞荒涼巴塔哥尼亞的絕景，年年都有許多觀光客造訪照片拍攝地百內國家公園，不過該地是聯合國教科文組織指定的生物圈保存地區。

攝影地｜智利（百內國家公園）
攝影者｜Ben Hall

阿根廷狐

從海邊到超過 3,000m 的高地

棲息範圍寬廣的小型偽狐屬動物

巴塔哥尼亞的自然環境很嚴峻。這個地區的冬天最低氣溫是平均零下3℃。阿根廷狐彷彿跟大地一起結凍了。在冬天尋找獵物也是個艱難任務。牠們最愛吃以齧齒類為首的哺乳類動物，或許是為了挺過嚴寒的冬天吧。據說食物當中有三分之一是動物的屍體。

攝影地｜智利（百內國家公園）
攝影者｜ Simon Littlejohn

原產於智利及阿根廷這些南方地區的阿根廷狐與求皮若渴的人類，兩者之間的戰爭持續了很長一段時間。該物種適應了各種環境，從低地的平原及草原、海岸，一直到海拔超過3000m的高山都有牠們生活的蹤跡，卻逃不過被人類瘋狂狩獵導致數量驟減的危機。如今只有在特定區域才有機會發現阿根廷狐的身影。

一般認為先前提到的達爾文狐在這數十年內數量是呈現增長趨勢，而人們推測那或許也跟這種阿根廷狐數量減少的現象有所關聯。

阿根廷狐的主食為鼠類，再來就是蜥蜴、鳥類等牠們也很常吃。不過，飲食生活會因為季節而有所變化。據說冬天食用鼠類的量會減少，不足的部分就多吃一些無脊椎動物來補充。

1950年，為了調整當地兔子的數量，人們將阿根廷狐引進了火地群島（Tierra del Fuego），不過後來的調查證實其實牠們不太會去捕食兔子。

此外，過去以來也有人以防止家畜羊被吃為由，遵循傳統對這種狐狸進行驅除，但是經過調查之後也證實了其實羊隻遭食的情況並沒有那麼嚴重。

不光是為了獲取毛皮，還有試圖控制其他動物的消長、謀求自身利益的驅除行為。不論在哪個地方，阿根廷狐都是被人類玩弄於股掌之間的狐狸。

氣候溫暖，獵物也很豐富的3月。阿根廷狐在草原上小跑著。日本稱之為「小灰狐（チコハイイロギツネ）」，當中的「チコ」是西班牙語「小」的意思*。阿根廷狐在偽狐屬當中體型偏小，而且身材苗條。雖然在頭部等處有部分混雜了黃褐色，不過整體毛色帶灰（就如其日名小灰狐）。下巴有明顯的黑點，尾巴上方有線紋，尾尖也是黑的。在照片拍攝地公園進行的觀察調查指出，阿根廷狐於8月交配，於10月產下4～6隻幼崽。雄狐會送食物給雌狐吃，由配偶一起育兒，不過偶爾也會有幫忙帶小孩的幫手（不繁殖的雌性）加入。一般認為，小狐在出生後5～6個月大時獨立，要達到性成熟則需要花上1年左右的時間。

攝影地｜智利（百內國家公園）　攝影者｜Jose B. Ruiz

＊譯註：由英名Chico Gray Fox轉變而來。

阿根廷狐的分布

DATA

中名	阿根廷狐
英名	South American Gray Fox／Chilla／Argentine Gray Fox／Chico Gray Fox
學名	*Lycalopex griseus*／*Dusicyon griseus*
保育	IUCN紅色名錄——無危（LC）
體重	2.5～4kg
頭體長	42～68cm
尾長	30～36cm

河狐

一看到人就僵在原地一動也不動

河狐白天待在草木之間稍作休息。築巢時，牠們通常會在高長的草叢或底層植物茂盛的地方自己挖掘地洞，不過也會利用樹洞、岩縫、洞穴乃至於犰狳等動物的巢穴，只要有空洞不論何處都能當巢。三角形的耳朵很寬，比較大。幾乎全身上下都長滿了濃密的短毛，作為毛皮的商品價值很高。體毛一致呈現斑狀的灰色，背部至尾巴有條帶黑的線條，尾尖為黑色。喉嚨及腹部偏白。吻部上方、耳背及四肢外側偏紅，越北部的個體體色越鮮豔。再者，英名彭巴狐（Pampas fox）當中的彭巴是指位於阿根廷中央的草原地帶，那裡也是河狐的棲息地之一。

攝影地｜智利（百內國家公園）
攝影者｜Winfried Wisniewski

一邊警戒四周一邊餵孩子喝奶的母親。河狐基本上屬於夜行性動物，但是也會在白天活動。平常獨自生活、狩獵也是單獨進行，唯有在繁殖時會成雙出入、一起育兒。據說河狐是犬科當中雜食性最強的動物，喜食野兔等獵物，卻也會吃果實這類植物性食物占25%左右。雌性每年僅發情1次，於8～10月交配。懷孕期55～60天，通常是58天。於當地的春季9～12月產下1～8隻幼崽，通常是3～5隻。小狐長得很快，2個月大左右時就會斷奶，開始跟著雙親一起出外狩獵。雌性會在第1年達到性成熟。

攝影地｜智利

彭巴指的就是可以在南美阿根廷及烏拉圭看到的乾燥大草原。河狐這種犬科動物以彭巴草原為首，也會在沙漠、丘陵地、乃至於海拔４０００m的高地上生活。正如其名，牠們毛茸茸的尾巴與細長臉蛋符合一般人對狐狸的印象，不過河狐跟我們常說的狐狸（＝狐屬）不同，而是歸類在偽狐屬底下。

以獲取毛皮為目的、又或是為了防止家禽被獵殺等種種原由，讓河狐一直以來脫離不了被人類大量捕捉、驅除的命運。雖然河狐能夠以最高時速近60㎞奔跑，依舊敵不過馬的速度，所以一旦被騎馬的人類盯上很快就會被捉住。

雖然有這些慘痛的經驗，不知為何牠們對人類依舊毫無警戒之心。據說河狐一看到人類出現在眼前，就像凍僵似地變得一動也不動，有時候已經被捉住了還是保持完全不動的狀態。但這應該不是沒有戒心，很可能是太過恐懼導致身體僵直變得無法動作（擬死的反射行為）。雖然河狐基本上屬於夜行性動物，但是在人煙罕至的地區也有於白天活動的傾向，由此也能看出牠們非常在意人類的存在。

雖然人類的獵捕讓河狐相較於以往減少許多，但時至今日牠們棲息的範圍依舊寬廣，就現狀而言個體數還是多的。現今似乎還沒有什麼滅絕危機。

河狐的分布

DATA

中名	河狐
英名	Pampas Fox
學名	*Lycalopex gymnocercus*／*Dusicyon gymnocercus*
保育	IUCN紅色名錄──無危（LC）
體重	4.8～6.5kg
頭體長	50～80cm
尾長	33～35.6cm

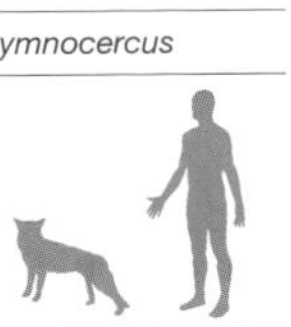

一副彷彿期待落空的表情。不過牠們的確具有察覺危險時就裝死的習性，所以聽說有時候真的會昏厥過去。真是有趣的動物。山狐的巢穴通常位於低矮的灌木叢中、岩縫之間等處，但有時也會將齧齒類棄置的巢穴拿來再利用。在安地斯山脈，山狐會在落石之間築巢。

攝影地｜厄瓜多（安地斯山脈）
攝影者｜Murray Cooper

山狐

在裝死的過程中失去意識

在南美大陸的犬科動物當中，體型僅次於鬃狼的第二大野犬就是山狐了。

山狐廣泛分布於大陸西側、靠近太平洋沿岸一帶，北起厄瓜多，南至橫跨智利與阿根廷的巴塔哥尼亞。一般認為，尤其是這片分布區域的安地斯山脈西側斜面，同時擁有森林及平原的地區對該物種而言是非常理想的棲息地。因為森林可提供休息場所，而平原則是追蹤獵物、進行狩獵的好地方。

雖然山狐會捕食出現在眼前的各種獵物，但牠們格外喜愛的還是鼠類、歐洲野兔這類哺乳類以及野莓等植物。除此之外，襲擊家畜的案例也不勝枚舉，因此也被人類視為應當驅除的對象。

話雖如此，不知道是不是沒什麼警戒心的關係，就算成了獵人追擊的目標，牠們也不太會躲起來的樣子。聽說山狐偶爾也會裝死，但那恐怕是因為牠們就算碰到走為上策的場面也無法逃跑，才會使人們留下「愚笨」、「猖狂」這些印象，因而用智利語中帶有上述意思的「Culpeo」來為山狐取名。

如果換成自然界的情況來看，當山狐暴露在被美洲獅獵殺的危險之中，是不是也會做出在美洲獅面前裝死的行為呢？那樣的行徑的確會令人覺得有幾分瘋狂。

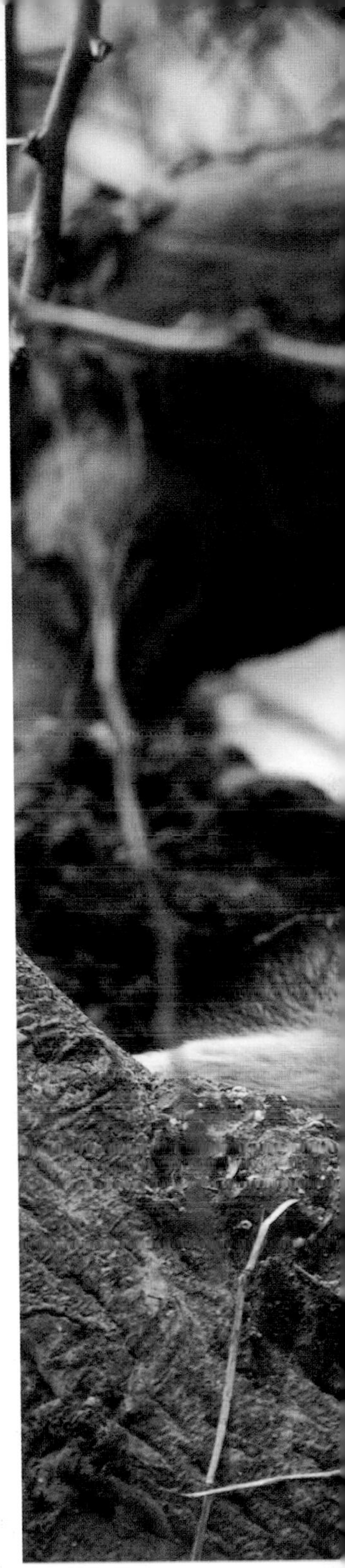

上｜ 雖然會與配偶一起生活長達5個月左右，但是在繁殖期以外的時間山狐都是獨自行動。儘管外表看起來就像赤狐，體型卻更為巨大，大隻的雄狐甚至重達13kg以上。肩膀至背部的灰色呈斑狀分布，下毛為淡褐色。體側也稍微偏黑。頭部、脖子、耳背、四肢的顏色明亮，通常是黃褐色、紅褐色或土黃色。毛茸茸尾巴的尖端為黑色。

攝影地｜阿根廷　攝影者｜Roland Seitre

下｜ 母親與3隻小孩從巨岩底下的巢穴裡走了出來。山狐的發情期為8～10月，懷孕期55～60天。會在10～12月產下3～8隻幼崽，通常是5隻。這段期間雄狐也會加入育兒的行列，負責運送食物到巢穴。等到出生後2～3個月大，親子就會一同出外狩獵。棲息地巴塔哥尼亞自1900年代初葉開始就有穴兔及歐洲野兔遷入，造成了一些危害。山狐與阿根廷狐也為調整這兩種害獸的個體數貢獻了不少力量。

攝影地｜阿根廷（巴塔哥尼亞）
攝影者｜Yva Momatiuk and John Eastcott

山狐的分布

DATA

中名	山狐
英名	Culpeo／Andean Fox
學名	*Lycalopex culpaeus／Dusicyon culpaeus*
保育	IUCN紅色名錄──無危（LC）
體重	4～13kg、平均7.35kg
頭體長	52～120cm
尾長	30～51cm

秘魯狐

棲息於蠻荒之地的南美最小偽狐屬動物

秘魯狐只棲息在南美大陸西北部、厄瓜多南部至秘魯北部的沿岸地區。由於最早是在位於這片區域的賽丘拉沙漠發現這種狐狸，所以英名就取做賽丘拉狐（Sechuran fox）。

棲息於南美大陸的偽狐屬動物當中，秘魯狐以身為體型最小的種類聞名。應該是為了在食物稀少的沙漠中求生所發展出的適應結果。此外，牠們光靠附著在岩石、植物上的水分就能夠存活，八成也是同樣的適應對策。

再者，秘魯狐也以身為雜食性極強的動物聞名。雖說是棲息環境使然，但牠們以蜥蜴、獨角仙為主食之餘，到了海岸就吃海藻及魚類，身在沙漠就吃些植物的種子、小鳥、蚱蜢以及老鼠。除此之外，還包括了海鷗、燕雀、各種海鳥及其鳥蛋、蛇、螃蟹，以及香蕉、木瓜、芒果等水果類，幾乎什麼都吃。這可能也是在沙漠等嚴苛環境下激發出的求生能力。

而且秘魯狐就跟住在附近的其他狐狸同類一樣，一直為人類狩獵所苦。除了人們為了防堵這種狐狸捕食家畜而視其為驅除對象之外，取用秘魯狐身體的一部分來製作當地手工藝品或用於民俗醫療等行為似乎也是原因之一。

滿是低矮灌木的沙漠、有沙丘等景觀的荒地都是牠們典型的棲息地。發現地賽丘拉沙漠是一座寒冷的沙漠，食物也很貧乏。秘魯狐屬於夜行性動物，白天會在地底巢穴中休息，或是罕見地潛伏在草叢裡。食性會因為季節及地區有很大的變化。在賽丘拉沙漠的冬季，植物性種子占了食物當中的絕大部分。其餘則以昆蟲、鼠類、鳥蛋、魚、海藻、腐肉等為食。

攝影地｜秘魯（蘭巴耶克大區恰帕利山（Chaparri Mountain））
攝影者｜Tui De Roy

因為可以靠食物補充水分，所以即便無水可飲還是能存活很長一段時間才對。不過，照片中的這隻秘魯狐正津津有味地喝著流過北部乾燥林棲息地的河水。秘魯狐的體色呈現淡灰色的鼠灰，下毛為淡黃褐色。所謂的鼠灰（agouti）就是指身上一道一道毛呈現深淺有別的條狀花紋。腹部是淡白色或奶油色。白色的胸口上有條水平方向的灰色帶紋。耳背、眼睛周圍、四肢都是紅褐色。臉部是灰色，吻部是暗褐色。尾尖是黑色。目前僅留有牠們在10～11月產崽的紀錄，跟繁殖相關的部分則完全無人知曉。

攝影地｜秘魯（蘭巴耶克大區恰帕利山）
攝影者｜Tui De Roy

秘魯狐的分布

DATA

中名	秘魯狐
英名	Sechura Fox／Sechuran Fox／Sechura Dsert Fox
學名	*Lycalopex sechurae／Dusicyon sechurae*
保育	IUCN紅色名錄——近危（NT）
體重	平均2.2kg
頭體長	約50cm
尾長	23cm

類

將狼消失的世界
交託給我吧

將無盡的黑暗
將狼群嚎叫不再的
貧乏、飢餓的世界
交託給我吧
我把腳前的燈
懸在黃金之門旁
讓朵朵紅花在沙漠中盛放

佇立於美麗雛菊繁花似錦的草原上，回過頭來看向後方同伴的大耳狐。南非的納馬夸國家公園又被稱為眾神的花園，有四千種以上的野花在此繁衍。龜裂荒地天降甘霖的時期只有當地初春8～9月而已。百花趁著春雨齊放，讓荒涼的大地在短短的數天之內像是鋪了一張壯麗的橘色絨毯。

攝影地｜南非（納馬夸國家公園）

Part 5 — Red Fox-Like Clade

赤狐的同

古代犬祖先的倖存者

大耳狐

巨大的耳朵是這種狐狸的一大特徵，牠們棲息在非洲南部及東部的低矮草原、半沙漠地帶，吃白蟻及糞金龜等昆蟲類維生。

大耳狐的耳朵之大僅次於聊狐，長度可達12㎝。這對耳朵具備的極佳聽力是牠們最大的武器。對著地面豎耳傾聽，偵測到土裡的昆蟲類所發出的細微聲響後，挖開土壤迅速捕捉獵物。

大耳狐之所以喜歡低矮草原，是因為那裡有很多白蟻及糞金龜可以當主食吃。白蟻會聚集在長在草原上的禾本科植物嫩芽周遭，糞金龜則是以為享用青草而來的斑馬、牛羚、水牛等有蹄類動物的糞便為食，所以才會在草原裡出沒。不過，當有蹄類動物們把該吃的草都吃光以後就會移往其他場所，而殘存的草長高之後會讓環境產生變化，屆時大耳狐也勢必要跟著移動。牠們的生活就是這樣周而復始。

大耳狐還有一個特徵就是牙齒比其他犬科動物來得小，而且臼齒也有8顆之多。全部的牙齒多達46～50顆（一般犬科的牙齒是42顆）。牙齒多可視為是原始物種的證明。可以確定的是，以白蟻等昆蟲為主食的生活方式在犬科動物當中算是挺罕見的，所以也有人說或許大耳狐是一種保持太古之姿存活至今的動物呢。

在白蟻丘前小憩片刻的大耳狐親子。差不多在出生後2週之後，育兒的重擔就會轉移到雄狐身上。在巢穴裡也是由雄狐負責幫孩子們取暖。還有防範外敵、陪孩子一同玩耍等等。教導狩獵方法也是雄狐的工作。大耳狐的主食是草白蟻。草白蟻躲在地底，會收割禾本科植物的嫩芽囤放在土巢裡。據說大耳狐會趁草白蟻成群出現在地面時發動攻擊，不過在此之前牠們也能聽見地底白蟻發出的聲響。雖然小狐是在相對幼小的時期就被帶去參加狩獵，但要完全斷奶得等到出生後4個月大，在犬科當中算是相當晚的。據說這是因為牠們沒辦法像其他肉食性野犬一樣吐出食物給小孩吃的關係。出生後5～6個月大的小狐體型已經跟雙親差不多大，6個月大以後就會獨立。

攝影地｜波札那（喬貝國家公園）
攝影者｜ Frans Lanting

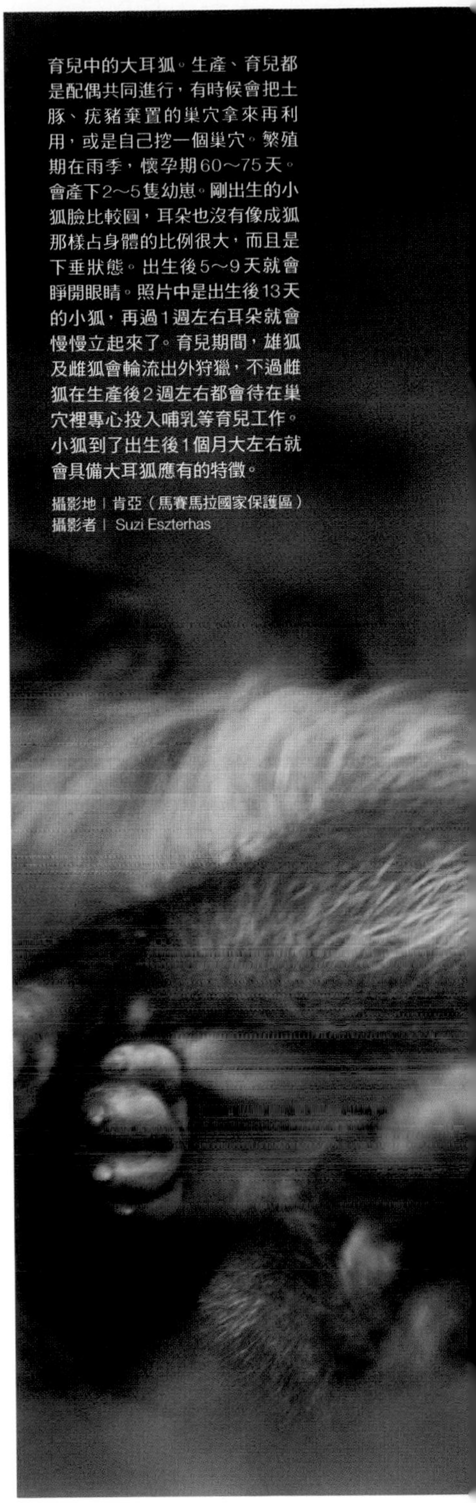

育兒中的大耳狐。生產、育兒都是配偶共同進行，有時候會把土豚、疣豬棄置的巢穴拿來再利用，或是自己挖一個巢穴。繁殖期在雨季，懷孕期60～75天。會產下2～5隻幼崽。剛出生的小狐臉比較圓，耳朵也沒有像成狐那樣占身體的比例很大，而且是下垂狀態。出生後5～9天就會睜開眼睛。照片中是出生後13天的小狐，再過1週左右耳朵就會慢慢立起來了。育兒期間，雄狐及雌狐會輪流出外狩獵，不過雌狐在生產後2週左右都會待在巢穴裡專心投入哺乳等育兒工作。小狐到了出生後1個月大左右就會具備大耳狐應有的特徵。

攝影地｜肯亞（馬賽馬拉國家保護區）
攝影者｜ Suzi Eszterhas

大耳兼具集音與散熱功能

卡格拉格帝跨境公園位處喀拉哈里沙漠中，乾燥的大地無盡延伸。雨季來臨時，五彩繽紛的群花盛放，整個地區改頭換面成了一座綠色沙漠。照片中大耳狐露出不錯的表情並非偶然，而是牠們生性和藹可親的緣故。據說大耳狐的好奇心很強，會凝神觀察人的一舉一動。或許牠正在用一雙大耳收集情報，才會展開那如英名所指（Bat-eared）的蝙蝠耳朵。大耳狐只比赤狐小了一點，體重卻是對方的一半，所以全身上下都很苗條。小巧臉蛋的眼睛周圍有張獨特的黑色面具。四肢修長。尾長在狐狸當中屬於中等尺寸。毛色是帶褐的灰色。腹部是淡米色。吻部、耳尖、尾尖、腳尖都是黑的。

攝影地｜南非（喀拉哈里沙漠的卡格拉格帝跨境公園）
攝影者｜ Ann and Steve Toon

大耳狐的分布

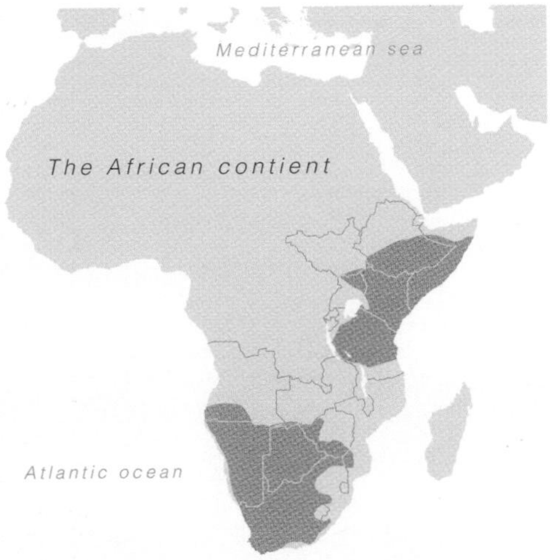

DATA

中名	大耳狐（蝠耳狐）
英名	Bat-Eared Fox／Big-Eared Fox
學名	*Otocyon megalotis*
保育	IUCN紅色名錄──無危（LC）
體重	2～5 kg強
頭體長	47～67cm
肩高	30～40cm
尾長	23～34cm

貉
最原始的野犬

貉的白色亞種。在貉身為外來物種定居下來的歐洲及俄羅斯西部，也有很多經過人為飼育繁殖出來的貉。據說也有從繁殖場脫逃之後野化的案例。貉的原產地是東亞，不過隨著因為毛皮貿易被引進前蘇聯的貉逐漸擴展，其分布區域就一路延伸至波蘭、東德，甚至到了北歐及西歐，靠著高強的適應力瞬間遍布各地。另一方面，在中國的部分地區卻有滅絕的傾向。貉生性膽小不會襲擊家禽，也沒有與原產地肉食性動物爭奪食物的問題，所以對人們而言似乎不是什麼應當驅除的害獸。在日本，貉喜歡靠近水邊且底層植物茂盛的地方，是以闊葉樹林為家，不過在歐洲的貉也會住在針葉樹林裡。貉最多只會發出微弱的嗚咽聲，不吠叫這點在犬科當中算是挺少見的。

攝影地｜德國（下薩克森邦）
攝影者｜Frank Sommariva

犬科動物大多是在演化的過程中從森林移往開闊的土地，不過有種動物選擇留在森林並發展出了獨自的演化，也就是貉。

或許是在自我道路上行進者所背負的宿命吧，貉的生存之道可說是堅忍不拔。牠們會將遺留在雜木林裡的狐狸或獾的舊巢、人類住宅的地板下等處作為巢穴，吃小動物、昆蟲、植物等各種食物維生。適應力也好得不得了，明明是東亞原產的物種，在因應毛皮需求被引進歐洲各國之後還能在當地順利繁衍下去。

身為犬科動物卻會爬樹這一點也很罕見，不過最特別的還是牠們「半冬眠（蟄眠）」的行為。半冬眠只有在寒冷地區積雪較多的場所才會出現，動物會在冬季的數個月期間躲入巢穴等處休眠。只不過在這段期間體溫僅下降2～3度而已，睡眠也很淺，有時候也會外出。也因此，與其他動物的「冬眠」有所區別。

除此之外，日文當中還有一個很有趣的慣用語叫做「狸寝入り（裝睡）」。在獵人鳴槍之後，就算子彈沒有打到身上，貉也會變得一動也不動，人們認為那大概就是所謂的「裝死」。在那之後，也有人說其實貉是失去了意識才對，不過根據其他動物的腦研究證實，實際上會裝死（擬死）的動物的確存在，一般認為貉應該也是有意識地在裝死才對。

雖然關於貉的「睡」事俯拾即是，不過知道越多就越覺得牠們還真是種聊不完的動物。

就如其英名Raccoon dog（浣熊犬），貉的外表與浣熊非常相似。擅長爬樹這一點也跟浣熊一樣。眼睛周圍有所謂的黑色「小偷面罩」，鼻子也是黑色，不過鄰近的吻部偏白。短小的四肢、毛茸茸的尾巴上方也是黑色。毛色變化豐富，通常整體呈現灰褐色，後背則稍微偏黑。腹部及尾巴下方是帶黃的褐色。夏毛偏短，不過冬毛很長且下毛濃密。貉屬於雜食性動物，會吃果實、鳥、老鼠、魚、蛇等各種食物，不過日本貉偏愛吃蚯蚓。到了秋天會進食大量的果實等物以囤積脂肪，讓體重增加50%左右。照片中為大型亞種烏蘇里貉（東北亞種，即*Nyctereutes procyonoides ussuriensis*），長毛呈現條狀花紋。

攝影地 | 愛沙尼亞（東維魯縣阿盧塔格賽（Alutaguse）的森林）
攝影者 | Neil Bowman

杳無人煙的森林深處，正好有幾隻貉寶寶從巢穴裡爬了出來。牠們的眼睛還沒有睜開。剛出生的小貉重約60～90g，毛是偏黑的單色。出生後9～10天左右眼睛就會睜開。繁殖期為1～3月的早春為止。懷孕期59～64天，會產下3～8隻幼崽。通常是4～5隻，不過也有將近20隻的紀錄。雄貉會運送食物給雌貉吃，在伴侶生產後也勤於照顧小孩。小貉於出生後2個月大時斷奶，4個月半大時就會長到跟雙親差不多大。出生後9～11個月大時達到性成熟，通常於隔年春天獨立。

攝影地 | 烏克蘭（車諾比）　攝影者 | Fabien Bruggmann

DATA

中名	貉
英名	Raccoon Dog
學名	*Nyctereutes procyonoides*
保育	IUCN紅色名錄──無危（LC）
體重	4～6kg(冬天6～10 kg）
頭體長	50～68cm
肩高	27～37.5cm
尾長	13～25cm

貉的分布

聯狐

最大的耳朵
最小的身體

適應了乾熱環境並在當地生活的狐狸當中，最著名的種類就是本節所介紹的聯狐。牠們棲息在非洲大陸北部，西起摩洛哥東至埃及，分布範圍相當廣泛，在各地的沙漠中生活。聯狐是體型最小的狐類，頭至身體的長度只有30～40㎝左右，卻又跟大耳狐一樣有一雙對聲音非常敏感又方便散熱的大耳朵。

聯狐的一大特徵是會自己挖洞築巢，有時穴深甚至長達10ｍ。首先從沙漠的岩石之間或稀疏的草根部等處挖掘1ｍ左右的深度，接著朝橫向繼續挖洞。在洞穴中，白天的溫度比地表還要低，入夜之後則比地表還要暖活。因此，每到了酷熱或嚴寒的時間帶，聯狐會窩在洞裡不出門。反之，在比較舒適的早晨就可以出外享受日光浴、四處玩耍，黃昏的時間帶就出門尋找獵物。

聯狐屬於雜食性動物，以昆蟲類、小型鼠類、兔類、爬蟲類、鳥類及其鳥蛋等為食，果實及種子也會吃。據說水分主要藉由果實等植物性食物來補充，所以幾乎不用飲水就能存活。此外，當面對比自己還要大的野兔，聯狐會展現攻擊性十足的狩獵方式——迅速咬住喉嚨

耳廓狐比家貓還要小隻，體長最大也僅40cm左右、體重1.5kg上下，是世界上最小的狐狸，同時也是世界上最小的犬科動物。不過，唯有耳朵是犬科當中最大，長達15cm。牠們在沙漠裡挖洞為家，有大半的時間都是在地底巢穴裡度過。具有沙漠色的體毛可以遮擋白天暑熱、在寒冷的夜裡保暖身子，一對皮膚下有許多血管通過、幫助散熱的大耳朵，還有不喝水也能存活的腎功能、適應了沙漠環境的身體。耳廓狐行動敏捷、跳躍力又好，有紀錄顯示牠們垂直起跳60〜70cm高、跳遠的話可達120cm。

攝影地｜突尼西亞（吉比利省）　攝影者｜Bruno D'Amicis

殺死對方。即使是人為飼育下的個體，也會對進入柵欄的飼育人員做出威嚇等行為，那剛烈的性情似乎是與生俱來的。

會組成有10隻個體左右的族群行動也是耳廓狐特有的習性，這是從其他狐類身上看不太到的。整個族群經常聚在一起玩耍、用叫聲互相溝通，不過牠們在交流時是像狗那樣「汪、汪」叫，在威嚇對方時反而像貓一樣發出「喵」的尖銳叫聲。不光是外表，其他特色也讓人覺得耳廓狐就像狗與貓的綜合體呢。

就算是整個家族都在嬉戲的時候，家長也豪不懈怠地時刻保持警戒。因為不曉得禿鷲、鬣狗、胡狼等天敵什麼時候會發動突襲。

話雖如此，搞不好人類才是牠們最大的敵人。據說在同一個地方生活的原住民族會把耳廓狐的小孩從巢穴裡挖出來，捉去大街上販賣。還有製成毛皮、當成寵物飼養，甚至是作為食用肉品。儘管如此，一般認為耳廓狐還是保有相當數量的個體數存在，目前沒有面臨什麼滅絕的危機。

還沒達到性成熟的年輕聊狐。小狐出生後9個月大左右就會長到跟成狐一樣的大小，11個月大時達到完全性成熟。發情期在1～2月，懷孕期49～63天，會在相對涼爽的3～4月產下1～6隻幼崽，通常是2～5隻。據說生產所需的巢穴是由雌狐挖掘，產房內鋪滿了植物的葉子。哺乳期61～70天，孩子們在雌狐的庇護之下於巢穴中生活。雄狐負責運送食物，並在周邊保衛巢穴。

攝影者 | Gerard Lacz

暗夜沙漠的小小獵人

為了躲避強烈日照而窩在地底巢穴裡避暑的聯狐開始活動了。隨著落日漸沉，涼夜的狩獵就要展開。靠著一雙大耳，連沙上小型獵物的輕微腳步聲都感知得到。要抵禦夜裡的寒冷、遮擋白天的暑熱，就靠一身豐厚的柔軟體毛，不過其實它的功用不只如此。就像走在冰上的北極熊腳底也被毛包覆住一樣，走在灼熱沙地上的聯狐腳底也有一層厚毛保護。體色是奶油色。後背帶有些許紅色。腹部偏白。身上有三個地方呈現黑色：尾巴尖端、包覆著尾巴根部的尾腺的剛毛、還有讓年幼的面容看起來有點大人味的長鬍鬚。

攝影地 | 突尼西亞（吉比利省）　攝影者 | Bruno D'Amicis

聯狐的分布

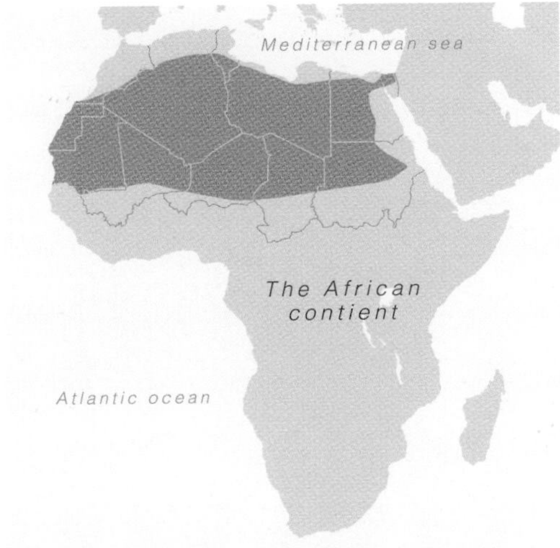

DATA

中名	聯狐
英名	Fennec Fox
學名	*Vulpes zerda*
保育	IUCN紅色名錄──無危（LC）
體重	0.8～1.5 kg
頭體長	30～40cm
肩高	15～17.5cm
尾長	18～31cm

阿富汗狐

棲息在西南亞的荒地 尾巴最長的狐狸

這種狐狸的特徵就是與身體相比又大又蓬的毛茸茸尾巴，牠們棲息在西起以色列、敘利亞、沙烏地阿拉伯，東至巴基斯坦、阿富汗的中東各國及其周邊半乾燥氣候的草原及山地，分布相當廣泛。

阿富汗狐喜歡險峻的多岩地區、陡峭的山崖，以層層相疊的岩石底下等縫隙之間作為巢穴。據說在地勢險峻的場所移動時，牠們會跟貓一樣使用銳利的爪子爬上爬下，同時活用巨大的尾巴來保持身體平衡。

阿富汗狐屬於完全夜行性動物，白天待在巢穴裡休息，日落30分鐘左右以後才會出外尋覓獵物。牠們對氣味及聲音非常敏感，四處嗅聞岩石底下、凝神傾聽聲音，就能找到小型動物或昆蟲的藏身之處一舉捕獲。

狐狸在配對時大多奉行一夫一妻制，其中的阿富汗狐也是如此，而且是出了名地一輩子只會與同一位伴侶共結連理，彼此的關係會持續下去直到其中一方死亡為止。純粹是因為有深厚的羈絆相繫著彼此呢？還是說，為了從身處山岳地帶的不利條件中求得一線生機而必須合作呢？

雖然也曾有段時期被謀求毛皮的人類濫捕，不過如今已經證實阿富汗狐的分布地區廣泛，目前該物種沒有面臨生存危機等問題的樣子。附帶一提，英名當中的「Blanford（布蘭福德）」是首位記述這種狐狸的英國地質學家的名字。

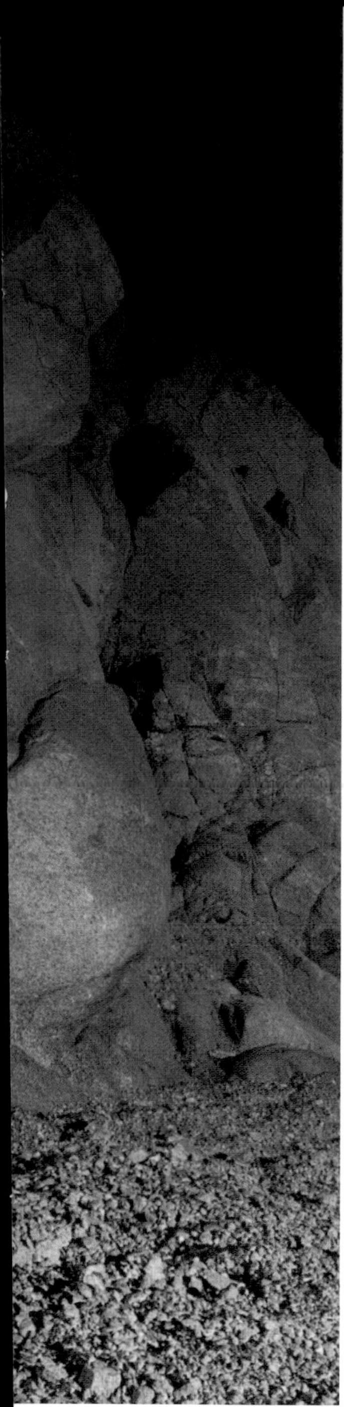

自動相機捕捉到了晚上漫步於多岩地區的伊朗阿富汗狐。就算身處照片那樣一片黑暗的場所，完全夜行性的牠們依舊行動自如，動作如貓一般靈活。在狐類當中，阿富汗狐的體型是第二小的，僅次於聊狐。一雙大耳以及狐類當中最長的毛茸茸尾巴為其特徵。體毛非常厚實且柔軟。體色以灰色為基調，上有白色、黑色的斑狀花紋，也混雜了一些褐色。背部中央有條暗色的帶紋朝尾部延伸，尾尖是黑色。下顎端部為褐色，眼睛與鼻子之間有小小的黑斑。喉嚨、胸部、腹部為白色。在接近根部的尾巴上方有臭腺，該部分的毛呈現黑色。

攝影地｜伊朗（達魯安吉野生動物保護區（Dar-e Anjir Wildlife Refuge））
攝影者｜Frans Lanting

體毛通常是暗灰色，不過以色列的阿富汗狐被視為銀灰色。雖然阿富汗狐屬於雜食性動物，但牠們以蚱蜢、螞蟻等無脊椎動物及果實為主食，不太吃肉。一般認為阿富汗狐會食用大量果實，偶爾可以在果樹及果園附近瞧見牠們的身影。繁殖期在12～1月，懷孕期50～60天，會於2月下旬至3月上旬之間產下1～3隻幼崽。由雌狐負責養育，但雄狐是否參與尚不明確。推測哺乳期為6～8週，小狐出生後3個月大之後就具備捕獲獵物的能力，10個月大時獨立。出生後8～12個月大時達到性成熟。

攝影地｜以色列（內蓋夫沙漠）

阿富汗狐的分布

DATA

中名	阿富汗狐
英名	Blanford's Fox
學名	*Vulpes cana*
保育	IUCN紅色名錄——無危（LC）
體重	不到3kg（以色列的調查為不到1.5kg）
頭體長	40～50cm
肩高	26～29cm
尾長	30～41cm

南非狐

長大之後依舊可愛

英名之所以叫做「Cape fox（開普狐）」，是因為有許多南非狐棲息在位於非洲南部的南非共和國開普省。南非狐不僅是唯一一種在赤道以南的非洲出沒的狐屬動物，也是目前現存於南非的最小犬科動物。就算身體長大了，到肩膀的高度也才35㎝左右，體重也只有2.5～3 kg上下。

南非狐喜歡又熱又乾的地區，像是開闊的草原、乾燥地區、半沙漠地區等等。牠們的耳朵之所以生得又長又大，原理就跟大耳狐等動物一樣，除了對聲音敏感之外也有利於散熱。

在食物方面，南非狐會捕食蜥蜴、老鼠、蚱蜢、螞蟻、兔類等，屬於雜食性動物，不過最愛吃的食物還是非昆蟲莫屬。也有研究曾經針對野生種的胃內容物進行分析，結果顯示裡頭有5～6成都是昆蟲。

雖然一般認為南非狐的個體數穩定，甚至可以說繁衍得相當興旺，但是關於牠們更詳盡的真實生活樣貌依舊充滿未知。可能是因為夜行性的牠們白天都待在岩石底下或洞穴裡休息，所以很難發現其蹤跡吧。又或許，單純是研究人員對南非狐沒什麼興趣呢？

已知南非狐既害羞又膽小，還會發出尖銳的吠叫聲，但是牠們經常吠叫是因為生性膽小還是在跟同伴溝通呢？這些都還無人知曉。

左｜ 耳朵與尾巴都有點大

細長的大耳高高豎起，警戒四周的母親。在巢穴外給出生後2個月大的2隻孩子哺乳中。南非狐的體毛整體呈現黃褐色，背部則是帶有光澤的灰色且混雜了一些黑毛。頭部的若干紅色明顯，又短又尖的吻部與眼睛之間有些栗色的部分。腹部為淡黃色。尾尖及上方為黑色。雖然南非狐屬於夜行性動物，卻經常可以看到小狐大白天在巢外玩耍的樣子。

攝影地｜南非　攝影者｜Klein & Hubert

右｜ 愛牠少一點，照顧牠久一點

在巢穴旁邊放鬆休息的母親與出生後2個月大的孩子。南非狐築巢時會將土豚或跳兔等動物棄置的巢拿來再利用，不過靠自己也能挖。繁殖期有2個月就在8～9月，懷孕期51～52天。會產下3～5隻幼崽。育兒主要由雌狐負責，雄狐則最少有2週會幫忙運送食物。小狐在出生後6～8週斷奶，不過斷奶之後直到出生後4個月大以前還是會受到家長在飲食方面的照料。約5個月大時獨立且具備出外狩獵的能力，性成熟則要等到9個月大。目前還不清楚雄狐會跟家人一起生活多久。

攝影地｜南非　攝影者｜Klein & Hubert

南非狐的分布

DATA

中名	南非狐（銀背狐）
英名	Cape Fox／Silver-Backed Fox
學名	*Vulpes chama*
保育	IUCN紅色名錄——無危（LC）
體重	3～4.5㎏
頭體長	45～61㎝
肩高	28～33㎝
尾長	30～40㎝

美洲小狐

在乾燥的平原上
擁有很多個巢穴

在美國被列為瀕危物種的美洲小狐亞種——聖華金美洲小狐（*Vulpes macrotis mutica*）母子。本種居住在海拔400～1900m左右的沙漠及乾燥草原、灌木林。雖然美洲小狐屬於夜行性動物，但牠們也會在早上或黃昏時活動。築巢方式為自己挖掘，或是將獾、草原犬鼠等動物棄置的巢穴拿來再利用。白天為了避暑幾乎都躲在巢穴裡。巢穴通常位於排水良好的高地，至多時甚至會有10個巢穴，也會設置複數個出入口。入夜之後，美洲小狐就會踏出巢穴覓食，以小型哺乳類、昆蟲、果實等為食，不過仍以肉食為主。體毛呈現灰褐色、灰黃褐色，背部顏色偏暗，腹部則較為明亮。吻部兩側有明顯的黑色斑紋。尾巴為灰色，尖端呈現黑色。

攝影地｜美國（加利福尼亞州聖華金郡）
攝影者｜B Moose Peterson

外號「北美版聊狐」說的就是這種美洲小狐。與聊狐一樣，美洲小狐具備適合在乾燥沙漠生活的特徵。聽覺敏銳且易於散熱的大耳朵，以及包覆腳底、保護皮膚免於被灼熱地面燙傷的毛為其特徵。

幾乎不用喝水就能存活這一點也跟聊狐一樣，不過藉由動物的體液來補充水分的可能只有美洲小狐而已（聊狐主要經由植物來攝取水分）。似乎也因為這樣，牠們必須獵食超過基本食物需求量以上的動物。要仰賴植物以外的管道攝取水分乍聽之下好像很困難，不過在牠們棲息的環境裡這種方式或許才是比較容易的吧。

與美洲小狐長得很像的動物不只有聊狐。也有人主張美洲小狐搞不好跟同樣棲息在北美的草原狐是同一種生物。這種說法是以有人目擊在棲息地重疊的地區兩者雜交、生出雜交種等情報作為依據。

話雖如此，鑽研形態學的研究界也有提出反駁，認為兩者應該還是不同的物種才對。不僅如此，也有遺傳學相關的研究認為兩者既非不同種亦非同種，而是具有亞種等級的差異……總而言之，目前似乎還沒有一個確切的定論。

此外，雖然美洲小狐沒有面臨絕種的危機，但據說還是有受到農地開發等影響導致其個體數正在減少當中。

美洲小狐的亞種聖華金美洲小狐的孩子們正在草原上遊玩。美洲小狐於12月至翌年2月之間交配，懷孕期49～55天。會在2～4月時產下2～6隻幼崽。通常大多是4、5隻。哺乳期8週，出生後3～4個月大就會開始狩獵，5～6個月大時獨立。出生後10個月大達到性成熟。在秋天眾子女都獨立出走以後，配偶還是會一起生活。不過，彼此僅在相同的活動範圍內進行狩獵，並沒有共享巢穴，也不會互相合作捕獲獵物。

攝影地｜美國（加利福尼亞州卡里佐（蘆葦）平原國家保護區）
攝影者｜Kevin Schafer

美洲小狐的分布

DATA

中名	美洲小狐（敏狐）
英名	Kit Fox
學名	*Vulpes macrotis*
保育	IUCN紅色名錄——無危（LC）
體重	雄性平均2.2kg 雌性平均1.9kg
頭體長	35～50cm
肩高	27.5～30cm
尾長	22.5～32cm

北極狐

生活在零下50℃的極寒之地

北極狐廣泛分布在加拿大、俄羅斯、阿拉斯加、格陵蘭等國家或地區的高緯度地區（北極圈）。包覆全身的毛密度極高，一路延伸至耳朵及腳底等部位，所以牠們能夠適應接近北極且低達零下70度的極寒環境。耳朵及鼻子偏小，也是為了防止熱能從末端部位散失所演化出的耐寒適應結果。

而且，已知北極狐的體毛顏色有兩種——全身純白的「白狐」以及青灰交雜般的「青狐」。前者棲息在冬天會完全被雪覆蓋變得一片純白的地區，後者則出沒於沿岸、低樹地區等地，分布範圍更加廣泛。此外，兩者到了夏天都會換毛，顏色有很多種，像是變成灰褐色或焦褐色等等。因為「白狐」在夏天也有融入非白色的平原及草地的需求。

在極端寒冷的場所要確保穩定的食物來源是很困難的，不過北極狐已經找到了解決這個問題的求生方法。首先，需要可以進行超長距離移動來尋覓食物的能力。在過往針對這種狐狸做記錄的調查中，就觀測到了牠們1年在直線距離長達1530km的兩點之間移動，而且一整天都在為尋求食物四處奔波。再者，也曾發現牠們出現在離岸800km遠的海冰上，由此可知北極狐能夠在冰

與冰之間自由移動，泳技也相當厲害。

活用如此高超的移動能力來搜索獵物，捕捉旅鼠、田鼠、北極兔等小型哺乳類。如果是旅鼠等獵物的話，就在雪中挖一個洞靠伏擊來捕獲。除此之外，北極狐有時候也會吃野兔、幼小的馴鹿、魚以及果實，還有海豹及鯨魚的屍體。

為了確保有充足的獵物，有時也得借助北極熊的力量。只要緊黏在巨大的北極熊身邊，就有分一杯羹的機會。雖然北極熊會捕食海豹，不過牠們專挑脂肪來吃，吃完後剩餘的部分丟著不管就離開了，所以北極狐可以隨意享用剩下的肉塊及內臟。

此外，據說北極狐為了度過嚴冬，也會在夏天於當地捕食超過所需分量以上的獵物作為儲備糧食。牠們好幾個世代都沿用同一個巢穴，再逐漸擴大其規模，有時會出現帶著獵物歸巢並藏在石頭底下或岩縫等處保存到冬天的行為。也有報告記錄了鳥及小動物被整齊地排放著保存的景象。要在這片極寒之地求生，想必儲藏是不可或缺的能力，所以才會演化出如此驚人的習性吧。

在極寒的雪原上尋找獵物的北極狐。實驗結果顯示牠們能夠耐受零下80℃的低溫，無論多麼寒冷都不會進入冬眠或休眠狀態。在氣溫下降的冬天來臨之前，得先在秋天囤積些脂肪做好準備，有時體重還會增加50%以上。北極狐的嗅覺敏銳，據說連在雪下77cm的凍僵旅鼠屍體、1.5m下的海豹巢穴都找得到。牠們也很擅長赤狐那樣的狩獵方式，一嗅到淺雪之下的獵物，就會垂直跳起，再以頭朝下的姿勢插進雪中來捕捉獵物。北極狐以單獨行動為主，不會組織結構穩定的群體。有時會形成不繁殖的群體為尋找食物而移動，或是由繁殖配偶與協助育兒的幫手成立一個小群體。

攝影者 | Gillian Lloyd

純白的美麗狐狸

包含腳底在內全身都被濃密的毛髮包覆住，當眼睛跟嘴巴都閉起來的時候，就只會露出黑色的鼻尖而已。彷彿把熱能緊抓在身上，北極狐的耳朵又圓又小、吻部又胖又短，四肢及尾巴也都偏短。整個身體圓圓胖胖。為了防止體溫散失，暴露在寒冷中的全身表面積越小越好。尤其容易散熱的耳朵更是重點保護的部位。所以住在溫暖地區的狐狸耳朵才會那麼大，正好跟北極狐相反。在10月至4月的這段期間，北極狐會換上一身豐厚濃密的羊毛狀冬毛，就像照片中那樣。白色體毛有70%是細緻的下毛，緊密地長在全身上下。細密包覆的體毛一路延伸至腳底，除了保溫效果之外，也能確保在冰上走路時不會滑倒。當然，冬天的白毛也有助於融入雪景之中，不管是站在獵物還是掠食者的立場，對雙方都是絕佳的偽裝。

攝影地｜挪威（弗拉唐厄爾）
攝影者｜Willi Rolfes

上｜每當夏天近了，北極狐身上的白毛就會脫落，配合周遭岩石、苔原、草地的顏色，逐漸轉變成彷彿被煙燻過的灰褐色。背部介於灰褐色至灰色之間，腹部則是變成灰色。從夏毛替換成冬毛的過渡期是呈現斑狀。照片中的應該是快要變成冬天的純白狐狸前。只有臉部殘留一點灰色，宛若戴了一張面具的肖像。冬毛也會因為地區而有所差異，據說也有一整年都是褐色的類型。

攝影地｜加拿大　攝影者｜Chris Schenk

下｜阿拉斯加野生保護區的10月光景。在海面浮冰上競走嬉戲的2隻北極狐。濃密的純白色毛包覆著豐滿的身體。北極熊及北極狼的體毛都只有純白一個顏色，不過北極狐倒是很罕見地有兩種毛色。這兩種分別是白毛型與青毛型，而且在夏天及冬天的毛色各有不同。據說同一窩出生的小狐中也會出現兩種類型都有的情況。這兩種色彩類型僅由一個基因決定性狀，其中白毛型屬於隱性基因。

攝影地｜美國（阿拉斯加州北極國家野生動物保護區）
攝影者｜Steven Kazlowski

上｜ 顏色會因應季節而改變

隨著夏天漸近，純白色的毛也逐漸脫落，帶有斑狀花紋的北極狐母親一邊警戒四周一邊給孩子們哺乳。小狐的體色是暗褐色。生產的時節在春至初夏（4～7月），懷孕期49～57天，通常是51或52天。誕生的幼崽數量會因為獵物而有很大的變動。穩定的狀態是4～5隻，據說若能大量捕食主食旅鼠的話甚至會超過20隻。雄狐也會幫忙育兒，負責運送食物。小狐到了出生後3～4週就會踏出巢穴，斷奶在第9週。出生後9～10個月大時即達到性成熟。

攝影地｜挪威（斯瓦爾巴群島）　攝影者｜ Jasper Doest

下｜ 顏色也會因為類型而有所變化

在海岸的陡崖上休息的青毛型北極狐。因為一身夏毛所以呈現巧克力棕色（深褐色），不過到了冬天就會變成淺青灰色了。青毛型在阿拉斯加、加拿大、歐亞大陸等地幾乎找不到，占1%以下。加拿大的巴芬島是5%以下，格陵蘭則有50%以上。至於像照片中的普里比洛夫群島那樣的小島，有90%以上都是青毛型。北極狐會是青毛型還是白毛型深受棲息環境影響，取決於當地會被白雪覆蓋到什麼程度等條件的樣子。

攝影地｜美國（阿拉斯加州普里比洛夫群島聖保羅島）
攝影者｜ Yva Momatiuk and John Eastcott

以白色雪原為背景，北極狐在原野上對雪雁發動攻擊。對於在北極圈繁殖的眾多海鳥而言，北極狐是需要提防的天敵之一。被盯上的對象不只鳥蛋及雛鳥，就連成鳥也會被襲擊。對照片中的雪雁來說，北極狐無疑是牠最大的天敵。

攝影地｜俄羅斯（弗蘭格爾島）　攝影者｜Sergey Gorshkov

DATA

中名	北極狐
英名	Arctic Fox
學名	*Vulpes lagopus*
保育	IUCN紅色名錄——無危（LC）
體重	雄性平均3.5kg（3.2～9.4kg） 雌性平均2.9kg（1.4～3.2kg）
頭體長	雄性平均55cm（46～68cm） 雌性平均52cm（41～55cm）
肩高	25～30cm
尾長	26～42cm

北極狐的分布

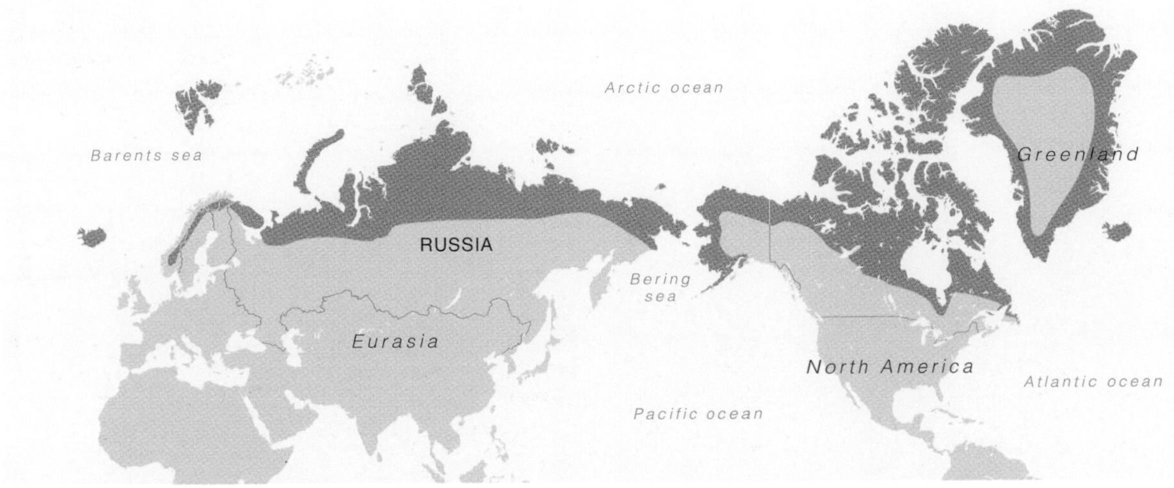

赤狐

從灼熱沙漠到極寒苔原

哺乳類當中分布最廣的動物

有智慧的動物

照片拍的是歐洲的個體，所以身形比5kg左右的北美種還要再大上一圈。赤狐是中型犬科動物，在囤積了脂肪的冬天甚至會出現重達14kg的個體。尖銳修長的吻部、大大的三角形耳朵。介於金色至黃色之間的眼睛就跟貓科動物一樣，具有縱向的狹長瞳孔。這是靠伏擊來捕獲獵物的動物的特徵。在明亮的地方會變得有如針一般細長。因為赤狐的動作敏捷，所以也被形容成像貓的犬科動物。牠們具有優異的智力及身體能力，能夠飛越2m高的柵欄、以時速50km的速度奔跑，爬樹、游泳也樣樣精通。過去認為赤狐獨自握有地盤，只有冬天才會結成配偶等，過著像山中賢者般的簡單生活，不過後來證實了有不繁殖的幫手或複雜的家族群體存在，揭示了赤狐具有更高度發展的社會結構的可能性。

攝影地｜挪威　攝影者｜Malcolm Schuyl

差不多到了戀愛的季節

在北歐融雪的季節，一身冬毛的赤狐獨自佇立著。在對赤狐而言屬於南方的日本，當地種的求偶季節是12月至2月。而在遲了2個月左右的北方，也是戀愛季節正要開始的時期。赤狐的懷孕期49～56天，通常是51～52天，會產下4～5隻左右的幼崽。至多可達13隻左右。小狐們有1個月左右都待在地底巢穴中與母親生活，之後就會開始在巢穴前打鬧玩耍。在雌狐育兒的期間，由雄狐負責運送食物。小狐10週以後便會完全斷奶，性成熟則要花上10個月左右的時間。雙親會嚴厲地逼迫孩子離家自立，不過據說有時也會出現在雙親地盤附近逗留不走的小孩。

攝影地｜愛沙尼亞　攝影者｜Sven Zacek

上｜ 垂直跳躍！從正上方襲擊獵物

或許是隻野鼠，雪中傳來了小型哺乳類發出的細微聲響。聽覺敏銳的赤狐可不會漏聽這些聲音。牠往正上方高高躍起，跳出一個倒U字型。以頭朝下的姿勢插進積雪當中，利用體重從上方一口氣壓制住獵物，成功捕食。從這個跳躍的模樣可以發現，赤狐最大的特徵就是耳背為黑色。光是記住這一點，就足以區分赤狐與其他狐狸了。腳尖及尾巴呈現黑色、尾尖較薄也是赤狐的特徵，但有時也會因為地區或個體差異而有所不同，所以得多加注意。舉例來說，赤狐日本亞種的腳尖就不怎麼黑。

攝影地｜挪威　攝影者｜Jasper Doest

下｜ 與天敵的戰鬥

赤狐各自擁有自己專屬的活動範圍。牠們遵循既有的規則，在邊界上撒尿或留下糞便確實地做上記號。地盤的範圍相當寬廣，有時甚至可達50平方公里。尤其到了冬天會四處走動尋找獵物，如果一無所獲的話，死掉的動物肉塊也可以拿來飽餐一頓。因為是在自己的地盤上，所以必須迎戰強敵嗎？還是說，因為猛禽是盯上了自家小狐狸的天敵呢？在獵物鮮少的冬天，試圖奮勇奪取金鵰所發現的屍體之舉顯得有些魯莽。

攝影地｜保加利亞（席尼蒂卡瑪尼（藍石）國家公園（Sinite Kamani））
攝影者｜Stefan Huwiler

不紅的赤狐們

上｜赤狐的毛色正如其名呈現紅褐色，以紅到金的紅色系為基底，再混入褐色、黑色或白色等構成色相。赤狐除了紅型之外還有三個毛色種類。其中之一就是照片上方的銀型叫銀狐，下方黑色小狐則是黑型叫做黑狐。黑型為全身漆黑。銀型則是以黑色為底，再混雜一些呈斑狀分布的銀白色毛，且會因為銀白色的比例而有諸多變化。色相也會受到親子、手足、地區等因素影響，顯現的頻率不盡相同。銀型與黑型在加拿大等地比較多。

上｜攝影地｜上：加拿大（愛德華王子島）
下：加拿大（曼尼托巴省邱吉爾近郊）
攝影者｜Dennis Fast

右｜還有一個色相是照片中的十字型赤狐，整體偏暗褐色，肩膀及背中央下方有黑色條紋。因為呈現十字架花紋，所以稱之為十字狐。只不過，該紋路要製成毛皮以後才看得出來。據說在加拿大的紀錄中，色相顯現的頻率為赤狐46～77%、銀狐2～17%、十字狐20～44%。

攝影地｜美國（阿拉斯加州）　攝影者｜Michael Quinton

在陸上的各種野生動物當中，赤狐的分布區域最為廣泛。從沙漠、深森林、極寒苔原、海拔4500m的高地、一直到人類居住的城鎮，面對任何環境都能適應。也因為這樣，牠們成了眾所周知的動物，一般我們口中的「狐狸」基本上講的就是這種赤狐。

除了在哪都能存活的強大適應力之外，諸如野鼠、野兔等哺乳類及其屍體、植物、廚餘等赤狐什麼都吃，此外，非常聰明這一點也廣為人知。在捕捉獵物的時候，赤狐會使用伏擊、從高處跳落等方式，有時還會聆聽草叢裡的獵物發出的細微聲響，從地面起跳約1m高後從上方飛撲捕獲。身體能力之高自不用說，視覺、聽覺、嗅覺等各種感官也相當敏銳。

不過說到牠們最厲害的地方還是使詐的狩獵技巧，目的大概是要吸引獵物的注意或使對方輕忽大意，赤狐會假裝一副痛苦的模樣、或追著自己的尾巴轉圈轉個不停，趁對方見狀分心之際慢慢靠近，再以迅雷不及掩耳之勢一舉捕獲。這種習性稱為「charming（魅惑）」。

此外，要吃蛋的時候，赤狐會做出很像人類用雙手捧著的動作，用前腳按住蛋再以犬齒於殼上開洞，舔食其中的蛋液，也會把吃剩的獵物藏在巢穴裡。

根據某個動用了被馴養的複數隻狐狸所做的實驗結果顯示，如果是自己親手埋藏的老鼠，即便埋了一段時間牠們仍有辦法以高準確率成功找到並將之挖出來，但是面對其他個體所埋藏的獵物就幾乎找不太到了，由此可以推論，狐狸並不是仰賴嗅覺在找，而是具有正確記憶掩埋場所的能力。

因為赤狐是一種智力高、自古以來出入各地與人類偶有接觸的動物，所以在全世界的各種故事當中也頻頻登場，不過牠們的形象大多被描寫成狡猾的反派角色，這或許跟襲擊雞等家畜的習性有所關聯。

赤狐也有在日本許多故事當中登場，而且就如「迷惑」等橋段所表露的那樣，大多被描寫成老奸巨猾、喜歡惡作劇或做壞事的角色。

另一方面，狐狸金黃色的體毛讓人聯想到豐收，再加上牠們會幫農家吃掉討人厭的老鼠，所以過去也被尊為農業的守護神受到人們的崇敬。日本全國各地的稻荷神社之所以祭祀狐狸就是這個緣故。

在澳洲人們把狩獵狐狸當成一種運動，所以19世紀時為了順利舉辦曾以人為方式引進赤狐，但是在那之後野化的個體增加，演變成了迫害原生物種的大問題。也因為這樣，大規模驅除赤狐的計畫通過實施。

站在狐狸的角度來看，想必人類也是狡猾又難纏的存在吧。

DATA

中名	赤狐
英名	Red Fox
學名	*Vulpes vulpes*
保育	IUCN紅色名錄──無危（LC）
體重	2.2～14 kg
頭體長	45.5～90cm
肩高	35～50cm
尾長	30～55.5cm

赤狐的分布

呂佩爾狐

非常親近人類 棲息在岩漠的狐狸

呂佩爾狐是廣布於非洲大陸北部、阿拉伯半島、一直到伊朗等地的狐狸。除了在部分地區與聊狐的分布範圍相互重疊之外，外觀上的特徵也很相似，乍看之下或許會認錯，不過呂佩爾狐的身形比聊狐大上一圈，而且就如其日文名「白尾沙狐（オジロスナギツネ）」所示，牠們的尾巴尖端是白色的，所以還是可以區分兩者。

由於棲息在多石、多岩的沙漠，呂佩爾狐身上的一些特徵跟其他生活在乾燥地區的狐狸相同，像是巨大的耳朵、被毛包覆的腳底等等。不過，呂佩爾狐還能適應條件更加惡劣的乾燥環境，身體的顏色也是易於融入沙子、岩石當中的沙色或銀灰色。有一說認為，這可能是與原本棲息在同樣地區的赤狐競爭之後的結果，因為被趕到其他地區，迫不得已只好去適應更嚴苛的環境。

此外，因為沒有體味，所以牠們是藉由從肛門腺體分泌的氣味與同伴打招呼。雌狐也會利用該氣味在要產崽的巢穴上做記號。

也已知人為飼育下的呂佩爾狐非常親近人類。不但愛玩許多遊戲，有時候還會像家犬一樣搖尾巴呢。

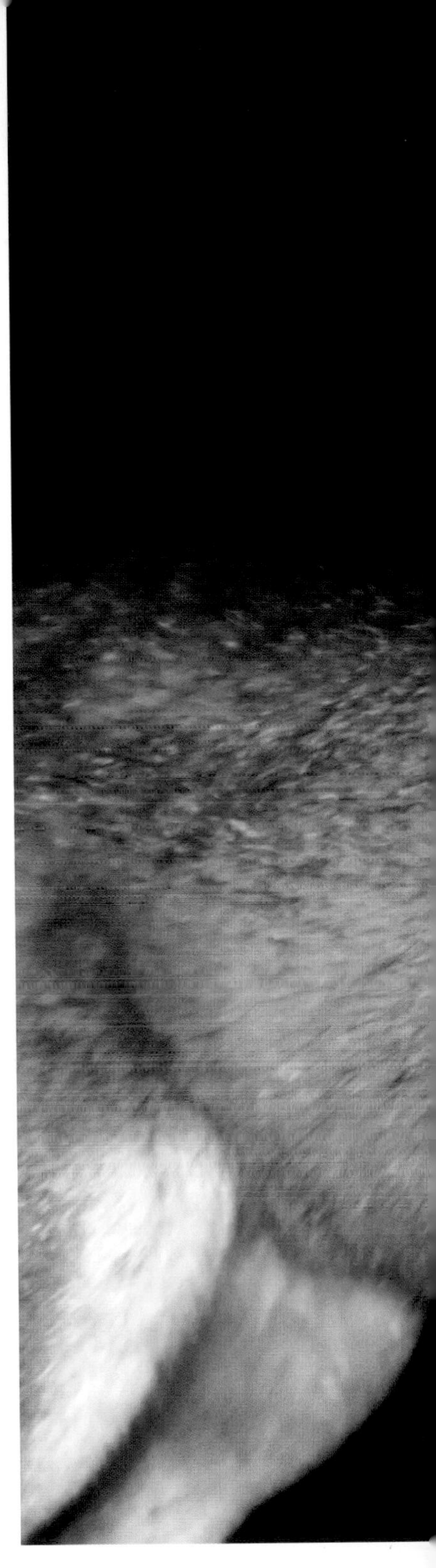

左｜ 尾尖是白色所以取名白尾

呂佩爾狐有一條毛茸茸的長尾巴，而且就如其日文名「白尾沙狐」所示，尾尖上的白色相當顯眼。從背中央到尾巴上方的部分偏黑。聽覺發達，可以察覺距離100m以上地方的聲響。呂佩爾狐屬於夜行性動物，活動範圍有時候廣及70平方公里。雖然是雜食性動物，但主食會因為當地能取得的餌食有所差異，可能是小型哺乳類、可能是昆蟲。也會吃蜥蜴、蛇、鳥、莓果類、植物的根等，還會在垃圾場出沒。通常由配偶一起育兒，不過也有觀測到多達15隻的族群。在交配完數週過後，雌狐就會開始準備用來生產的巢穴。懷孕期52～53天，通常在3月左右產下2～3隻幼崽。出生後6～8週斷奶。小狐在約4個月大時獨立，據說也曾出現過最遠移動了48km的小孩。1年以內達到性成熟。據說從小狐開始飼養的話，呂佩爾狐會非常親人，展現各種遊玩的姿態。

攝影地｜以色列（阿拉瓦沙漠）

右｜ 吻部的黑色花紋為其特徵

雖然不及聊狐，不過一雙大耳仍是呂佩爾狐最大的特徵。尤其牠們的耳朵根部十分寬大。再加上身體也比聊狐還要大，所以不至於把兩者搞混，不過幼年呂佩爾狐就跟成年聊狐大同小異了。就跟聊狐一樣，呂佩爾狐的腳底長有濃密的長毛，能夠適應溫度變化劇烈的沙漠環境。牠們的身材比赤狐還要纖細，四肢偏短。全身上下覆有柔軟的體毛，與棲息地沙漠融為一體。淡沙色或銀灰色都有人說。據說像照片那樣的埃及種是淡黃褐色，灰色的感覺比較少。位於眼下的吻部兩側有極富特色的黑色花紋。臉頰、顎部、腹部為白色，耳背是淡紅褐色。鬍鬚相對較長且黑。

攝影地｜埃及（利比亞沙漠）　攝影者｜Gabriel Rif

呂佩爾狐的分布

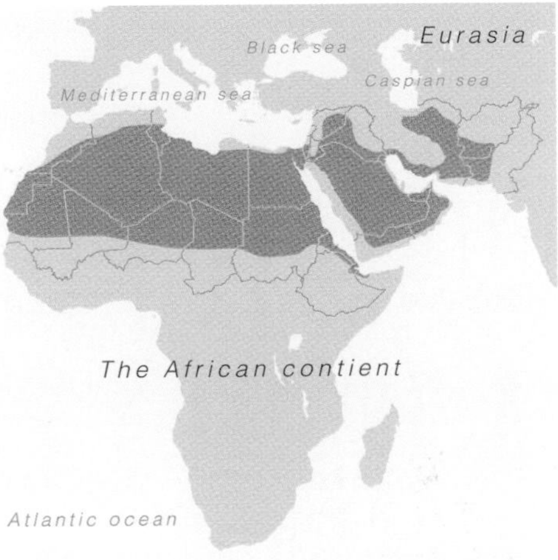

DATA

中名	呂佩爾狐（呂氏沙狐／大耳沙狐）
英名	Ruppell's Fox
學名	*Vulpes rueppellii*
保育	IUCN紅色名錄——無危（LC）
體重	1.5～4 kg
頭體長	40～52cm
肩高	25～30cm
尾長	25～35cm

沙狐耳朵的根部寬大、尖端銳利。有豐厚的柔軟體毛包覆全身，也因為這樣被人類狩獵製成毛皮。整體呈現淡紅褐色至黃褐色之間，從上方觀看的話彷彿帶有銀色。腹部是帶黃的白色。雖然長得跟藏狐很像，不過沙狐的尾尖呈現黑色，由此可以分辨兩者。雖為夜行性動物，但也會在白天活動。屬於雜食性動物的沙狐以田鼠等小型哺乳類為主食，也會吃鳥及其鳥蛋、青蛙、蜥蜴、昆蟲、果實甚至是屍體。捕到很多鼠類時，會出現貯食的行為。即使長時間不喝水也能存活。

攝影者 | Rod Williams

因為一身又暖又美的毛皮遭到人們濫捕

沙狐

英名當中的Corsac指的是在俄羅斯南部草原等地生活的人們。正如其名，這種狐狸主要棲息在俄羅斯南方、哈薩克、蒙古等地的乾草原及半沙漠地區。

不同於其他狐類，沙狐沒有什麼體味，所以18世紀時在俄羅斯經常被當作寵物飼養。雖然是一種與人類淵源匪淺的動物，世人對於牠們在自然界的生態卻知之甚少。而這也跟沙狐古怪的能力有點關係。明明生活在樹木稀少的環境裡，爬樹功夫竟然出奇地好。另一方面，明明身在平地，奔跑的能力卻不怎麼樣，就算派出跑不快的狗也捉得到牠們。

此外，也已知與其他狐類相比，沙狐的社會性比較高。過去就有報告指出，在一定範圍內觀測到多個分別有數隻沙狐居住的巢穴，並稱其為「沙狐之都（corsac cities）」。不過，因為毛皮需求讓沙狐成了長年以來被人類持續獵捕的對象，如今已經看不到那樣的光景了。甚至在1947年有紀錄顯示，一年有6萬2926張毛皮從蒙古被賣到當時的蘇聯。據說為了整治過度獵捕的問題，蒙古、蘇聯兩國一度明令禁止狩獵，但是在蘇聯瓦解之後該法律便不復存在，人們又開始獵捕沙狐了。或許是因為這樣，部分地區的沙狐有逐漸減少的趨勢，但是一般認為目前還沒有瀕臨絕種的狀況。

沙狐在乾草原（steppe）或半沙漠等地挖洞生活。巢穴除了自己挖掘之外，將狨、獾、赤狐棄置的巢穴拿來再利用也是常有的事。據說蒙古的沙狐巢穴有64%都是利用狨的舊巢。沙狐於1～3月交配，懷孕期50～60天。會產下2～6隻幼崽，但也有產下11隻的案例，聽說還有2隻雌狐在同一個巢穴生產的狀況。小狐通常在秋季之前就會獨立，但也出現過滯留在家長身邊直到隔年春天的例子。

攝影者 | Rod Williams

沙狐的分布

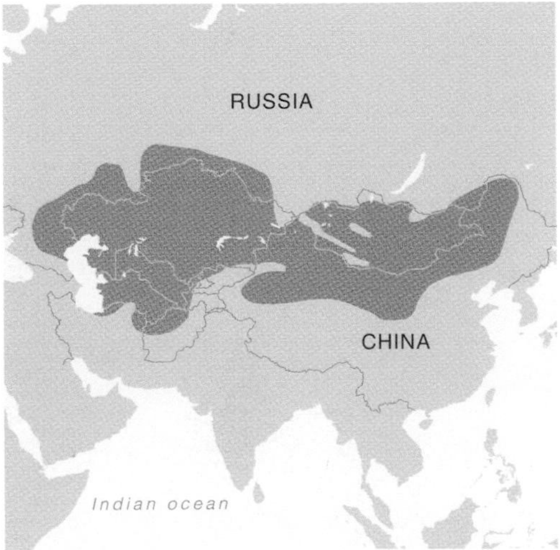

DATA

中名	沙狐
英名	Corsac Fox
學名	*Vulpes corsac*
保育	IUCN紅色名錄——無危（LC）
體重	2.5～5kg
頭體長	50～60cm
肩高	30cm
尾長	25～35cm

小心謹慎，擁有54個巢穴

在海拔4550m、石頭遍布的荒地上漫步的藏狐。牠們是一種頭體長可達70cm的大型狐狸，生活在如照片那樣滿是石頭的土地，於岩石底下或縫隙之間等處築巢。生性謹慎，出入口至多會設置12個。據說也有夏天時活用54個巢穴的案例。小小的三角耳尖尖翹起，與頭寬相比吻部又細又長，形成一副獨特的表情。藏狐的犬齒非常長，可達2.5cm。即使閉上嘴巴，牙齒依舊裸露在外。全身被稍短的體毛包覆，腳底也長有長毛。體色是黃褐色，側面、大腿及尾巴大部分是銀灰色。長得很像沙狐，不過又短又蓬的尾巴尖端呈現白色，還是能夠區分兩者。據說在西藏等地有時也會將藏狐的毛皮用於製作帽子等物，不過礙於毛質粗糙而商品價值不高。似乎也因為這樣，藏狐並沒有像沙狐那樣變成人們普遍狩獵的對象。

攝影地｜中國（青藏高原）
攝影者｜Alain Dragesco-Joffe

藏狐

棲息在超過3000m的高山 有張謎之怪臉的狐狸

這種狐狸僅棲息在西藏及尼泊爾海拔3000m以上的高地。

也因為藏狐在人類難以深入的土地上生活，關於牠們的生態樣貌至今依舊所知不多，不過在2006年英國BBC所拍攝的影像公開後，這種表情可愛有趣的動物獲得了許多關注。肥幫子肥大的四方臉，再加上宛若兩條直線的細長眼睛，讓藏狐散發出一種彷彿是悟道僧侶般的氛圍，的確令人印象深刻。

與住在炎熱環境的狐狸們相反，藏狐的耳朵之所以這麼小，一般認為是在寒冷地區為抑制散熱所發展出的環境適應力。長毛一路長到腳底，應該也是禦寒的對策之一。

藏狐主要以囓齒類及兔類為食，而在先前所提的影像中，也有捕捉到藏狐在獵捕牠們最愛的食物——鼠兔的畫面。當中還有出現與熊一起狩獵的景象，用更精確的話來說，應該是利用熊的力量才對。鼠兔通常會待在於地面挖掘的巢穴裡，但是即便正值夏季，地面也是處於結凍狀態非常堅硬，要是沒有熊的力氣根本就挖不出來。也因此，當熊發現鼠兔並動手挖巢的時候，藏狐會在一旁窺伺著。當鼠兔受驚從洞穴的其他出入口探出頭，埋伏在旁的藏狐就會出手捕捉。在這種時候，那悟道般的表情就顯得理所當然了呢。

不喜歡自己一個人生活

平均海拔高達4600m的自然保護區可可西里。藏狐獨自一人走在白色的荒野上。牠們並不是獨居動物，會成對生活、一起狩獵。雖然藏狐屬於雜食性動物，但以鼠兔等小型哺乳類為主食，也會吃鳥、蜥蜴、果實、屍體等。於2月下旬交配，懷孕期50〜60天。會在4月下旬至5月上旬之間產下2〜4隻幼崽。小狐與雙親一起生活直到出生後8〜10個月大左右才會獨立。

攝影地｜中國（青海省玉樹藏族自治州可可西里）
攝影者｜XI ZHINONG

藏狐的分布

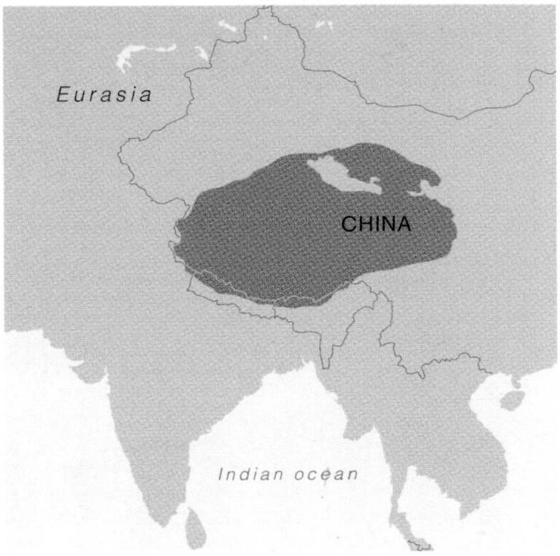

DATA

中名	藏狐
英名	Tibetan Sand Fox
學名	*Vulpes ferrilata*
保育	IUCN紅色名錄——無危（LC）
體重	4～6 kg
頭體長	57.5～70cm
肩高	30cm
尾長	30～47.5cm

孟加拉狐

幼狐非常惹人憐愛的印度狐狸

保護著眾多野生動物的小刻赤沼澤地是一個含有鹽分的廣大濕地。或許是因為牠們對人沒有什麼警戒心吧，在動物保護區的巢穴旁，孟加拉狐的孩子們開心玩耍的身姿成了特寫。雖然會因為地區不同出現些許差異，不過孟加拉狐的繁殖期主要落在冬天至春天。牠們於11月左右結成配偶，於12月至1月之間交配。懷孕期50～53天。會於2月至4月之間產下4隻左右的幼崽。由配偶一起育兒，有紀錄觀察到雄狐與出生後2～4個月大的孩子一起玩耍的身影。據說有時也會出現名為幫手的不繁殖雌狐協助育兒工作。等到小狐出巢長到出生後約3～4個月大時就會完全斷奶，4～5個月大時獨立。

攝影地｜印度（古吉拉特邦小刻赤沼澤地）　攝影者｜Sandesh Kadur

孟加拉狐廣泛分布於整個印度次大陸，印度、尼泊爾以及巴基斯坦都囊括在內。海拔1500m上下以內的低地是牠們喜愛的環境，尤其主要棲息在草原、半沙漠等乾燥的土地上。

孟加拉狐屬於雜食性動物，會吃昆蟲、小型哺乳類、鳥類、植物等各式各樣的食物，挖掘巢穴在裡頭生活及養育後代，這些習性都與其他種類的多數狐狸共通。

孟加拉狐的一大特徵是會發出各式各樣的聲音。據說除了嗚咽這種哀戚的叫聲、嗚嗚的低吼聲之外，牠們還會發出警戒的驚叫聲、對人類尖聲吠叫等等。也會在宣示自己的地盤時發出好像在說話的聲音。除此之外，更觀測到了處於繁殖期的雄狐在早晚頻頻發出叫聲的模樣。

再來就是牠們與人類之間的關係。雖然毛皮的市場需求較少，不過爪子、尾巴、牙齒等部位在當地被用於製作醫藥品或裝飾品，所以孟加拉狐一直以來都是人們狩獵的對象，這點姑且也可以算是牠們的特徵之一吧。從某方面來看，也可以說滿有印度風情的。

此外，也已知某些地區的孟加拉狐因為農地開發等問題失去了棲息地造成個體數減少，受到人類的影響吃了不少苦頭，但是牠們對人類的警戒心依舊不怎麼強。據說迄今為止也不曾傳出孟加拉狐對人類造成危害的案例。

印度特有種

在乾燥草原上奔跑的孟加拉狐。牠們是僅居住在印度次大陸的特有種。此時正逢1月，是結成配偶也很稀鬆平常的時期。孟加拉狐不喜歡幽深的森林或山地，牠們棲息在如照片那樣的廣闊土地、樹木稀疏的雜木林等地。習慣於夜晚出獵，不過偶爾也會在黎明或白天時出外走走。孟加拉狐為獨居動物，據說也不會永續經營配偶關係。巢穴由自己挖掘，設有1～6個出入口，構造為1.2～1.8m長的隧道連接巢室，孟加拉狐會使用巢穴數年也會進行擴張的作業。

攝影地｜印度（北印度）　攝影者｜Harri Taavetti

孟加拉狐的分布

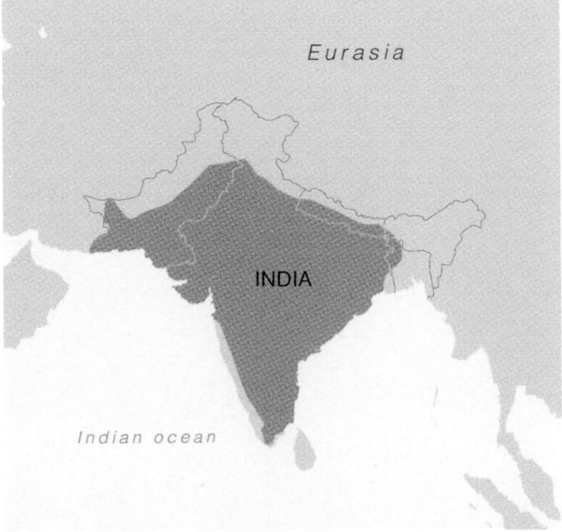

DATA

中名	孟加拉狐
英名	Bengal Fox
學名	*Vulpes bengalensis*
保育	IUCN紅色名錄──無危（LC）
體重	雄性2.7～3.2kg 雌性1.8kg以下
頭體長	45～60cm
肩高	26～28cm
尾長	25～35cm

蒼狐

棲息在撒哈拉的荒地裡 充滿未知的狐狸

喜歡有濕氣的地方

蒼狐屬於夜行性的雜食性動物，以小型齧齒類、小型哺乳類為主食，會吃在地面築巢的鳥及其鳥蛋、爬蟲類、昆蟲以及果實這類植物性食物。牠們不像呂佩爾狐喜歡乾燥無比的沙漠、岩漠等地，而是住在別的地方。帶有一點濕氣、正要轉變成森林的莽原等地才是牠們喜愛的棲息地。與阿富汗狐相似，蒼狐耳朵大、吻部短，不過體毛較短且薄，所以還是能夠區分兩者。正如其日文名「黑尾沙狐（オグロスナギツネ）」所示，蒼狐長尾的尖端呈現黑色。體色是混雜了微紅褐色的淡黃褐色，背部一點也不黑，由此可以分辨與南非狐的不同。眼睛周圍及唇部有黑色花紋。會挖掘巨大的地洞與家人一起生活。懷孕期51～53天，會產下3～6隻幼崽。據說剛出生的小狐體重50～100g左右，在人為飼育下經過14週會長到1.12～1.35kg。哺乳期6～8週。一般認為出生後1年左右達到性成熟。在蘇丹，人們相信蒼狐肉可作為治療氣喘的藥，所以有在食用。

攝影者｜Michael Lorentz

蒼狐住在非洲大陸北部、撒哈拉沙漠周邊無岩的荒地裡。牠們也是各種狐類當中生態及生活史最鮮為人知的種類之一。

體型嬌小且耳大尾長的模樣乍看之下跟呂佩爾狐非常相像，但就如同其日文名「黑尾沙狐」所示，蒼狐的尾巴尖端呈現黑色，這是兩者的相異之處。

關於蒼狐的已知生態還有一點很有特色，那就是牠們會挖掘又長又大的地洞並在裡頭生活。地洞長度有時可達15m，蒼狐會在深處鋪上乾草等物打造巢穴。一般認為，疑似家族的群體會住在洞裡一起生活，不過在某些地區也有發現30個以上這樣的地洞集中在一塊的情形。可能是複數個家族聚在一起，形成類似群聚（colony）的狀態共同生活。

此外，已知蒼狐屬於雜食性動物，以小型鼠類、爬蟲類、鳥、昆蟲、植物等為食，據說也會襲擊家禽。

目前對蒼狐的了解大概就只有這樣。撒哈拉沙漠涵蓋非洲大陸北部的範圍相當寬廣。雖然蒼狐分布在從西端至東端這片廣大的範圍，人們掌握的資訊還是非常稀少，應該跟牠們潛伏在洞穴深處有很大關係吧。

蒼狐的分布

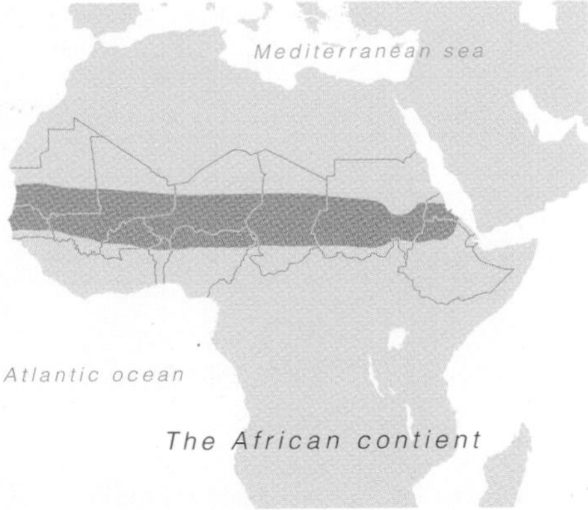

DATA

中名	蒼狐
英名	Pale Fox
學名	*Vulpes pallida*
保育	IUCN紅色名錄——無危（LC）
體重	1.5～3.6 kg
頭體長	40～47cm
肩高	25cm
尾長	25～35cm

草原狐

在北美中西部的草原上
過著和睦友愛的生活

以優雅姿態優雅漫步

這隻草原狐還沒有找到另一半嗎？牠獨自一人走在大草原上。相隔甚遠的耳朵、稍微圓潤的瞳孔、優雅的身姿，這些都是草原狐的特徵。平常一身帶灰的紅毛，冬毛則較長且會轉變成偏暗的顏色。毛茸茸尾巴的尖端呈現黑色、吻部兩側有黑色花紋為其特徵。以北美中西部為家的草原狐就如照片所示，喜歡草木低矮的草原。生來就是飛毛腿的牠們能夠以時速50km奔跑，最高時速可達60km上下。草原狐基本上屬於夜行性動物，不過也有被目擊到冬季期間偶爾在巢穴附近曬日光浴的模樣。由於草木低矮的草原沒有可以躲藏的地方，所以巢穴很重要。為了避免降雨時進水，牠們將巢穴築在地勢略高的地方，一整年都會使用同一個巢穴。挖出深約1m、長約4m的隧道，盡頭則是房間的位置。

攝影地｜美國（愛達荷州布萊恩縣月球撞擊坑國家紀念地和保護區）

過去也有人懷疑，分布於美利堅合眾國中部的這種狐狸會不會跟美洲小狐（第176頁）是同一個物種呢。兩者不僅棲息區域有所重疊，還會相互雜交。的確，光看照片來比較的話，牠們的樣貌簡直如出一轍，難以分辨究竟有何不同。不過，毛色就有點不一樣了。草原狐的背部帶有些許灰色，腹部則接近橘色。

草原狐主要在矮草叢生的草原上築巢生活。巢穴由自己挖掘，有時也會利用其他動物的洞穴。

牠們白天待在巢穴裡，入夜之後才進行狩獵等活動。從小型哺乳類、昆蟲到植物，凡是能取得的食物基本上草原狐什麼都吃。只不過，牠們有在人類活動區域附近築巢的傾向，所以一直以來受到不少人類的影響。

19世紀至20世紀中這段期間，來自人類的狩獵、驅除、開發等行為破壞了棲息地，導致草原狐的數量大幅減少，分布區域也變得更加狹隘。輕易地落入陷阱之中、遭到車輛輾斃、或是誤食驅除郊狼及狼所下的毒而亡……種種倒楣的事故也是多如牛毛的樣子。

不過，據說在20世紀後半葉之後，有了逐漸恢復的跡象。可能是隨著人類的意識改變，牠們自己也為了躲避絕種危機變得越來越聰明的關係。

用打招呼的動作一同玩耍

踏出巢穴的4隻小狐用打招呼的動作互相嬉鬧著。在南部的繁殖生態為12月至2月之間進行交配，於3月至4月上旬之間產崽。加拿大等北部地區則稍微晚了些，產期在5月中旬左右。母親的懷孕期為50～60天，通常大約51天。會產下1～6隻幼崽，通常是4、5隻。眼睛及耳朵要等個10～15天左右才會打開，小狐有1個月左右都待在巢穴裡。斷奶在第6～7週，約2個月大時毛色就會變得跟雙親一樣，等到出生後4、5個月大時身體也會長到同樣大小。會與雙親一起生活直到秋天左右，雄性1年達到性成熟。雌性的繁殖則要等到第2年以後。

攝影地｜美國（懷俄明州）　攝影者｜ Shattil & Rozinski

草原狐的分布

DATA

中名	草原狐
英名	Swift Fox
學名	*Vulpes velox*
保育	IUCN紅色名錄──無危（LC）
體重	1.6～3 kg
頭體長	38～53cm
肩高	30～32cm
尾長	22.5～28cm

在最原始的犬科狐狸當中
也有如猴子般身手矯健
擅長爬樹的箇中翹楚

在樹上飛梭而過
如松鼠一般奔馳
從此樹到彼樹，身輕如燕
如猿猴一般飛躍
在樹上生活
不知是小古貓時期的
何方神聖

從巨大的維吉尼亞櫟（山毛櫸的一種）樹幹上暗中窺伺這裡的灰狐。灰狐在日本是以爬樹狐之名為人所知，牠們也不負其名十分擅長爬樹。別說是攀上傾斜的樹幹了，就連直立的樹木也能一舉登上。當灰狐爬到高達18m的樹上，郊狼等掠食者也只能望洋興嘆，無法繼續追擊。牠們以後腳的爪子鉤住、以前腳抱住樹幹，再將身體向上提就能上樹。從樹上下來的時候，則是頭在上往後退的姿勢。灰狐於冬至春交配，會於春至夏產下3～7隻幼崽。由雄狐負責運送食物給雌狐及小狐。小狐出生後4週就會踏出巢穴，跟著雙親一起爬樹，約5個月大時獨立。據說從小狐開始飼養的話，灰狐會變得跟狗一樣非常親人，跟赤狐等種類不一樣。

攝影地｜美國（德克薩斯州科珀斯克里斯蒂湖迪內羅（Dinero））
攝影者｜Rolf Nussbaumer

Part 6 —— Gray & Island Fox Clade

灰狐的同類

雖然長得就像赤狐，不過吻部又細又短，耳朵也偏小。一般認為牠們短小的四肢有利於爬樹。下顎的形狀跟貉相似。整體呈現斑狀的銀灰色，看起來像斑紋是因為一根一根毛中有白色、灰色、黑色的部分。頸部、側腹、四肢、尾巴下方偏紅，顎端及腹部為白色或淡黃褐色。有一些深灰色的小鬚毛，尾巴上方及末端呈現黑色。

攝影地｜美國（明尼蘇達州）
攝影者｜Paul Sawer

灰狐

這種狐狸棲息在北美南部至南美北部之間，相當擅長爬樹，在日本還有個別名叫做「爬樹狐（キノボリギツネ）」。要逃離狼及郊狼等天敵時，灰狐會迅速爬到樹上隱匿行蹤。有時候也會在樹枝與樹枝之間飛躍，巧妙地穿梭移動。

這樣的能力與貉相近，所以也有人說灰狐是犬科當中僅次於貉的原始動物。就如同在貉（第１６６頁）的章節也有介紹過的，大多數犬科動物是在從森林移往平原的過程中，隨著生活環境改變而失去爬樹的能力，不過看來灰狐在這當中倒是發展出了獨自的演化。

話雖如此，灰狐並沒有一直留在森林裡。牠們的生活圈從森林一路擴展到低木林、半山腰、牧草地、廣闊的乾燥地區、都市郊外，適應了各式各樣的環境。食性也很廣泛，會捕食老鼠、松鼠、昆蟲、鳥等獵物，也會爬到樹上摘取果實。

灰狐屬於夜行性動物，會巧妙地避開人類的耳目行動，不過據說牠們常常落入陷阱之中。

雖然灰狐的毛皮並不是什麼特別貴重的物品，但是在市場上仍有廣大需求，所以灰狐經常遭到獵捕。到頭來，這種狐狸最大的天敵也是人類。

灰狐的分布

DATA

中名	灰狐
英名	Gray Fox／Tree Fox
學名	*Urocyon cinereoargenteus*
保育	IUCN紅色名錄──無危（LC）
體重	2.5～7kg
頭體長	48～73cm
尾長	27～44cm

島嶼灰狐

這種島嶼灰狐只棲息在美國加利福尼亞州沿岸附近的海峽群島的六個島上。牠們是灰狐的近親，長得也很相像，不過身體平均小了對方2成左右，十分嬌小。這是因為島上氣候溫暖，並沒有以大型身體來維持體溫的必要性，再加上住在食物取得不易、被隔離的環境裡，身體小一點才能減少能量的消耗。

一般認為，島嶼灰狐是在晚更新期（12600年前～11700年前）——尚能從這些島嶼往來大陸的時代，從大陸來到島上。此外，也有人主張是在1萬年前左右被美國的原住民族帶到南方諸島上的。

六個島的各棲息密度有很大的差異。在密度最高的聖克魯斯島上每平方公里就有7.9隻，而密度最低的聖卡塔利娜島僅0.3隻。棲息密度會受到該地環境以及食物取得難易度影響，不過聖卡塔利娜島的棲息條件並沒有特別惡劣，棲息密度卻極端低下，目前還不曉得是什麼原因。

1990年代島嶼灰狐的個體數有所減少，一般認為原因是金鵰入侵島上、引進野生豬所致。島上出現寄生蟲也有造成個體數減少。

原本應該跟大陸的灰狐屬於同一種狐狸，似乎是島上的生活大大地改變了牠們的人生。

雖然與灰狐極為相似，但是體型小了2成左右，而且尾巴偏短。面對任何食物都很會吃，不過仍以昆蟲居多。大多在白天至晚上之間活動，深夜至清晨之間休息。於1月至3月中旬之間交配，於4月末至5月上旬產下平均2.17隻幼崽（最多5隻）。懷孕期大概50～53天。小狐會於秋天（10月左右）獨立。

攝影地｜美國（加利福尼亞州）
攝影者｜Chien Lee

島嶼灰狐的分布

DATA

中名	島嶼灰狐
英名	Island Gray Fox／Island Fox
學名	*Urocyon littoralis*
保育	IUCN紅色名錄——近危（NT）
體重	2.1～2.8kg
頭體長	48～50cm
尾長	11～29cm

参考文獻

- 今泉忠明『野生イヌの百科』(データハウス、2014年)
  D.W.マクドナルド編、今泉吉典 監修『動物大百科1食肉類』(平凡社、1986年)
- 『動物大百科11ペット(コンパニオン動物)』(平凡社、1986年)
  今泉吉典 監修『世界の動物|分類と飼育2食肉目』(東京動物園協会、1991年)
  エリック・ツィーメン『オオカミ その行動・生態・神話』今泉みね子 訳(白水社、1995年)
- Jennifer W. Sheldon『WILD DOGS The Natural History of the Nondomestic Canidae』(THE BLACKBURN PRESS、1992年)
- L. David Mech and Luigi Boitani編『Wolves Behavior,Ecology,and Conservation』(The University of Chicago Press、2007年)
- Jim Brandenburg『White Wolf：Living With an Arctic Legend』(Northword Press、1990年)
- ジム・ブランデンバーグ『白いオオカミ 北極の伝説に生きる』中村健・大沢郁枝 訳(JICC出版局、1992年)
- ジム・ブランデンバーグ『ブラザー・ウルフ―われらが兄弟、オオカミ』今泉忠明 監訳(講談社、1995年)
- L. David Mech『the ARCTIC Wolf：Ten Years with the Pack』(Swan Hill Press、1997年)
- L. David Mech『Wolves of the High Arctic』(Voyageur Press、1992年)
- L. David Mech『The Wolf: The Ecology and Behavior of an Endangered Species』(University of Minnesota Press、1981年)
- Claudio Sillero-Zubiri,Michael Hoffmann and David W. Macdonald編『Canids: Foxes, Wolves, Jackals And Dogs: Status Survey And Conservation Action Plan』(IUCN：The World Conservation Union、2004年)
  L. David Mechほか『Wolves on the Hunt』(The University of Chicago Press、2015年)
- Robert H. Busch『The Wolf Almanac: A Celebration of Wolves and Their World』(Lyons Press、2007年)
- Marco Musiani、Luigi Boitani編『The World of Wolves： New Perspectives on Ecology, Behaviour, and Management』(University of Calgary Press、2010年)
- ギャリー・マーヴィン『オオカミ 迫害から復権へ』南部成美 訳(白水社、2014年)
- A. ムーリー『マッキンレー山のオオカミ』奥崎政美 訳(思索社、1975年)
- E. ツィーメン『オオカミとイヌ』今西錦司 監修(思索社、1977年)
- 菊水健史ほか『日本の犬』(東京大学出版会、2015年)
- アダム・ミクロシ『イヌの動物行動学』藪田慎司 監訳(東海大学出版部、2014年)
- ブレット・L.ウォーカー『絶滅した日本のオオカミ』浜健二 訳(北海道大学出版会、2009年)
- ジム&ジェイミー・ダッチャー『オオカミたちの隠された生活』(エクスナレッジ、2014年)
- ギュンター・ブロッホ『30年にわたる観察で明らかにされたオオカミたちの本当の生活』今泉忠明 監修、喜多直子 訳(エクスナレッジ、2017年)
  平岩米吉『狼―その生態と歴史―』(築地書館、1992年)
- ハンク・フィッシャー『ウルフ・ウォーズ』朝倉裕・南部成美 訳(白水社、2015年)
- バリー・ホルスタン・ロペス『オオカミと人間』中村妙子・岩原明子 訳(草思社、1984年)
- ヴェルナー・フロイント『オオカミと生きる』日高敏隆 監修・今泉みね子 訳(白水社、1991年)
- ファーリー・モウェット『狼が語る ネバー・クライ・ウルフ』小林正佳 訳(築地書館、2014年)
- ショーン・エリス+ペニー・ジューノ『狼の群れと暮らした男』小牟田康彦 訳(築地書館、2012年)
- 桑原康生『オオカミの謎』(誠文堂新光社、2014年)
- 朝倉裕『オオカミと森の教科書』(雷鳥社、2014年)
- パット・シップマン『ヒトとイヌがネアンデルタール人を絶滅させた』河合信和 監訳(原書房、2015年)
- 姜戎(ジャンロン)『神なるオオカミ』唐亜明・関野喜久子 訳(講談社、2007年)
- 『NATIONAL GEOGRAPHIC日本版2006年4月号』110～121頁バージニア・モレル「アフリカ最後のオオカミ エチオピアに残る600頭の危機」(日経ナショナルジオグラフィック社)
- 『NATIONAL GEOGRAPHIC日本版2012年2月号』28～45頁エヴァン・ラトリフ「十犬十色 犬の遺伝子を科学する」(日経ナショナルジオグラフィック社)
- 『NATIONAL GEOGRAPHIC日本版2015年10月号』126～141頁スーザン・マグラス「海辺のオオカミ」(日経ナショナルジオグラフィック社)
- 『日経サイエンス2015年11月号』98～106頁V.モレル「オオカミからイヌへ」
- 今泉忠明 監修『講談社 動物図鑑4哺乳動物1』(講談社、1997年)
- 『図説 哺乳動物百科』遠藤秀紀 監訳(朝倉書店、2007年)
  ジュリエット・クラットン=ブロック『世界哺乳類図鑑』渡辺健太郎 訳(新樹社、2005年)
- エーベルハルト・トルムラー『犬の行動学』渡辺格(中央公論新社、2001年)
- 平岩米吉『犬の行動と心理』(築地書館、1991年)
- 尾形聡子『よくわかる犬の遺伝学』(誠文堂新光社、2014年)
- デズモンド・モリス『デズモンド・モリスの犬種事典』福山英也ほか監修(誠文堂新光社、2007年)
- 藤田りか子『最新 世界の犬種大図鑑』(誠文堂新光社、2015年)
- ブルース・フォーグル『新犬種大図鑑』福山英也 監修(ペットライフ社、2002年)
- 岩合光昭『ニッポンの犬』(平凡社、1998年)
- ネイチャー・プロ編集室『進化がわかる動物図鑑ライオン・オオカミ・クマ・アザラシ』柴内俊次(ほるぷ出版、1998年)
- ジュリエット・クラットン=ブロック『イヌ科の動物事典』祖谷勝紀 監修(あすなろ書房、2004年)
- 林良博 監修『イラストでみる犬学』(講談社、2000年)
- テンプル・グランディンほか『動物が幸せを感じるとき』(NHK出版、2011年)
- 米田政明ほか監修『世界の動物遺産 世界編・日本編』(集英社、2015年)
- 小原秀雄ほか編『レッド・データ・アニマルズ―動物世界遺産1～8』(講談社、2001年)
- スミソニアン協会、小菅 正夫 監修『驚くべき世界の野生動物生態図鑑』黒輪篤嗣 訳(日東書院本社、2017年)
- デイヴィッド・バーニー 、日高敏隆 編『世界動物大図鑑―ANIMAL DKブックシリーズ』(ネコ・パブリッシング、2004年)
- デイヴィッド バーニー『動物生態大図鑑』西尾香苗 訳(東京書籍、2011年)
- フレッド・クック 監修『地球動物図鑑』山極寿一 日本版監修(新樹社、2006年)
- 今泉吉典 監修『学習科学図鑑 動物』(学研、2006年)
- 飯島正広『日本哺乳類大図鑑』土屋公幸 監修(偕成社、2010年)
- 小宮 輝之『日本の哺乳類：フィールドベスト図鑑』(学研教育出版、2010年)
- 藤田りか子、リネー・ヴィレス『最新 世界の犬種大図鑑』(誠文堂新光社、2015年)
- 川口 敏『哺乳類のかたち』(文一総合出版、2014年)
- 『世界の動物―原色細密生態図鑑〈8〉哺乳動物2』(講談社、1982年)
- 山極寿一 監修『講談社の動く図鑑MOVE 動物 新訂版』(講談社、2015年)
- 三浦慎悟ほか『小学館の図鑑NEO動物』(小学館、2002年)
- 今泉忠明 監修『学研の図鑑LIVE動物』(学研、2014年)
- 『Journal of Zoology (電子版) 2017年1月20日』松林順ほか「絶滅種エゾオオカミの食性復元」
- C.T. Darimont," Foraging behavior by gray wolves on salmon streams in coastal British Columbia" (Can. J. Zool. 81:349～353、2003)
- Shiro Kohshima," A Comparison of Facial Color Pattern and Gazing Behavior in Canid Species Suggests Gaze Communication in Gray Wolves (Canis lupus)" ,PLOS ONE電子版 (June 11, 2014)
- 『North American fauna：No.53』303頁Vernon Bailey「MAMMALS OF NEW MEXICO:MEXICAN WOLF」(1931)
- Warren B. Ballard," Summer Diet of the Mexican Gray Wolf (Canis lupus baileyi)" , The Southwestern Naturalist (June 5, 2008)
- James R. Heffelfinger," Clarifying historical range to aid recovery of the Mexican wolf", (March 21, 2017)
- Lassi Rautiainen," Fighters" ,ARTICMEDIA
- 『知床博物館研究報告26:37-46 (2005)』亀山明子ほか「オオカミ(Canis lupus)の保護管理及び再導入事例について」
- Marco Apollonio," Il lupo in Provincia di Arezzo" (June 2006)
- Fauna Ibérica: Animales de España y Portugal, Lobo ibérico (Canis lupus signatus)
- Vladimir Dinets," Striped Hyaenas (Hyaena hyaena) in Grey Wolf (Canis lupus) packs: cooperation, commensalism or singular aberration?" ,Zoology in the Middle East Volume 62, 2016 - Issue 1
  Reuven Hefner and Eli Geffen," Group Size and Home Range of the Arabian Wolf (Canis lupus) in Southern Israel" , Journal of Mammalogy Vol. 80, No. 2 (May, 1999) , pp. 611-619
- M. Singh,H. N. Kumara," Distribution, status and conservation of Indian gray wolf (Canis lupus pallipes) in Karnataka, India" ,Journal of Zoology,Volume270, Issue1 September 2006 Pages 164-169
- Wolf of Tibet,Calcutta journal of natural history, and miscellany of the arts and sciences in India,vol.Ⅶ, Pages 474 (1847)
- 『朝日新聞2018年4月1日(日)12版18面』西川迅「科学の扉：日本のオオカミの実像」
- Ronald M. Nowak," Another Look at Wolf Taxonomy"
- E. S. Richardson and D. Andriashek," Wolf (Canis lupus) Predation of a Polar Bear (Ursus maritimus) Cub on the Sea Ice off Northwestern Banks Island, Northwest Territories, Canada" , Arctic Vol. 59, No. 3 (Sep., 2006) , pp. 322-324
- Klaus-PeterKoepfli," Genome-wide Evidence Reveals that African and Eurasian Golden Jackals Are Distinct Species" ,Current Biology Volume 25, Issue 16, 17 August 2015, Pages 2158-2165
- Philippe Gaubert," Reviving the African Wolf Canis lupus lupaster in North and West Africa: A Mitochondrial Lineage Ranging More than 6,000 km Wide" ,PLOS ONE August 10, 2012
- Beatriz de Mello Beisiegel and Gerald L. Zuercher," Mammalian Species Number 783 :1-6. 2005" , Speothos venaticus
- Mauro Lucherini Estela M. Luengos Vidal," Lycalopex Gymnocercus (Carnivora: Canidae)" ,Mammalian Species, Issue 820, 9 October 2008, Pages 1–9,OXFORD UNIVERSITY PRESS
- 天然記念物秋田犬第134回本部展写真・入賞記録集(秋田犬保存会)
- アーネスト・T・シートン『シートン動物解剖図』(マール社、1997年)

INDEX

監修

菊水健史（Takefumi Kikusui）

麻布大學獸醫學部人與動物關係學研究室教授。1970年生於鹿兒島。東京大學獸醫系畢業。獸醫學博士。曾任三共（現為第一三共）神經科學研究所研究員、東京大學農學生命科學研究科（動物行為學研究室）助手，2007年4月起任麻布大學獸醫學部伴侶動物學研究室副教授、2009年10月起任該研究室教授。專攻行為神經科學。從事齧齒類動物的社會溝通與生殖機能、造成母子之間及其中樞發育變化之影響的相關研究。主要著作有《解讀狗狗的心——從伴侶動物學分析》（岩波科學圖書館）、《愛與分子》（東京化學同人）等。

正文

近藤雄生（Yuki Kondo）

1976年生於東京。東京大學研究所工學系研究科修畢後，有5年半的時間在世界各地旅行，一邊撰寫紀錄文學等作品。2008年秋天歸國之後住在京都市。著有《遊牧夫婦》系列3卷（三島社）、《遊牧夫婦 開始的那些日子》（角川文庫）、《出發去旅行吧》（岩波junior新書）、《微笑動物》（X-Knowledge）。也是《奇界生物圖鑑》（X-Knowledge）的撰文者。大谷大學兼課講師。理系writer集團「帕斯卡隊」成員。
www.yukikondo.jp

企劃／架構

澤井聖一（Seiichi Sawai）

X-Knowledge股份公司代表董事社長、月刊《建築知識》編輯兼發行人。曾任生態學術誌Kuavoσ οικοσ（キュアノ・オイコス，鹿兒島大學海洋生態研究會刊）生物雜誌的編輯、新聞記者等，為建築文化誌《X-Knowledge HOME》、住宅雜誌《MyHOME+》創刊總編輯。為《世界美麗透明生物》、《世界美麗飛鳥》、《世界最美的烏賊與章魚圖鑑》、《奇界遺產》、《世界夢幻書店》等書的企劃編輯。著有《絕景企鵝》、《絕景北極熊》、《世界繽紛城鎮、惹人憐愛的家》。在本書中，負責撰寫解說（正文以外的文章、圖表）、文獻研究、各章節的詩文等。

Photo Credit

アマナイメージズ
4,5,7,8,10,11,13,14-15,16,17,18(下),19,20-21,22-23,24,25,26,27,28,29,30,31,32,33,35,36,37,38,42-43,44-45,46-47,48-49,50,51,52,53,54-55,56,57,58-59,60-61,62,63,64,65,70,72-73,74-75,76-77,78,79,81,82-83,84,85,86-87,88,89,90,92,93,94,95,96-97,98-99,101,102-103,105,106,107,108,111(下),114,115,116,117,118,120,121,122,123,124,126-127,128,129,130,131,132,133,134,136,137,138,139,140,141,143(下),144,146,147,148,150,151,152-153,154,155,157,158,159,160,161,164(上),165,166,167,168-169,170,171,173,174,175,177,180,181,182,183,184-185,186,187,188(下),192,193,194,195,196,197,201,202-203,204,205

アフロ
6,68,111(上),119,125

PPS通信社
9,12,18(上),34,40,66-67,71,80,100,104,110,112-113,142,143(上),145,149,156,162-163,164(下),172,176,178-179,188(上・中),190,191,200

TITLE

狼

STAFF

出版　瑞昇文化事業股份有限公司
作者　近藤雄生　澤井聖一
監修　菊水健史
譯者　蔣詩綺

總編輯　郭湘齡
責任編輯　蕭妤秦
文字編輯　張聿雯
美術編輯　許菩真
排版　執筆者設計工作室
製版　明宏彩色照相製版有限公司
印刷　桂林彩色印刷股份有限公司

法律顧問　立勤國際法律事務所　黃沛聲律師
戶名　瑞昇文化事業股份有限公司
劃撥帳號　19598343
地址　新北市中和區景平路464巷2弄1-4號
電話　(02)2945-3191
傳真　(02)2945-3190
網址　www.rising-books.com.tw
Mail　deepblue@rising-books.com.tw

初版日期　2021年4月
定價　1280元

ORIGINAL JAPANESE EDITION STAFF

アートディレクション　高木裕次（Dynamite Brothers Syndicate）
デザイン　鈴木麻祐子　山崎真衣　堀内琢児　小島絵璃奈（Dynamite Brothers Syndicate）
地図　長岡伸行

國家圖書館出版品預行編目資料

狼 = Gray wolf/近藤雄生, 澤井聖一作；蔣詩綺譯. -- 初版. -- 新北市：瑞昇文化事業股份有限公司, 2021.04
208面；21 x 28.8公分
譯自：オオカミと野生のイヌ
ISBN 978-986-401-484-2(精裝)
1.狼 2.犬科

389.812　　110004160